在M114基础上改装辅助动力推进装置的XM123 155mm榴弹炮

美制M107 175mm自行加农炮虽然在射程上享有一定优势，但其敞开式设计并不适应核生化条件下的战场环境

M777系列榴弹炮凭借着同口径火炮中最轻体量和适中的射程成为快速反应部队与山地部队的支援火力利器。由于整炮的重量控制在Mi-171中型直升机的最大吊运限值内，因此印度人手中的M777可以获得最大的机动能力，这对与印度有领土争议的国家来说，是个需要面对的问题

M777A1改进重点在于初级版牵引炮数字化（TAD）"Block I"（第一单元）软件，整套软件系统包括配备车载导航系统，以及与火力指挥中心（FDC）相连的数字通讯系统和武器自动瞄准系统，并与"阿法兹"（AFATDS）炮兵火控系统进行数字化集成，以为陆军和海军陆战队提供联合网络化的火力

这张照片摄于2007年，一门在爱丁堡古堡作为礼炮使用的L118 105mm超轻型榴弹炮

挪威军队装备的豹I主战坦克，豹I几乎是1960-1980年代北约的标准型主战坦克

M777系列155mm超轻型榴弹炮的存在，实际上意味着一场炮兵革命的大幕正在徐徐拉开

放列状态的FH70 155mm牵引式榴弹炮

印度早在1986年6月就从苏联获得了可用于山地作战的Mi-26超重型直升机。事实上，直升机在山地作战中效果非常出色。无论是苏军还是美军，在阿富汗都广泛使用直升机进行山地机降或者后勤补给

M777系列榴弹炮最大特点是重量轻，它要比各国陆军现役的牵引式155mm榴弹炮轻一半，但是威力依然不减，炮弹初速为827米/秒。如发射无助力普通炮弹，最大射程可达24.7公里；使用火箭助推炮弹最大射程超过30公里。火炮密集射击时射速为每分钟5发，连续射击时每分钟2发

M777系列榴弹炮正在取代美海军陆战队和陆军服役的老式M198榴弹炮。M777榴弹炮比M198榴弹炮轻很多，可输送性与机动性得到增强，在弹药性能与射程方面，仍可保持与M198一致

2006~2007年，美陆军在现役部队和国民警卫队中组建11个火力旅，使火力旅的总数达到12个。随着火力旅的投入使用和机动作战旅向旅战斗队的转型，剩下的师属炮兵、军属炮兵以及一些国民警卫队的野战炮兵旅司令部将退役。原来隶属于师属炮兵的火炮营将变成旅战斗队的建制单位，而师属炮兵的多管火箭炮营和野战炮兵旅的火炮营则将面临三种命运：重新编入火力旅、退役或改编为其他类型的部队

"精锐陆军"体制下的师属炮兵、野战炮兵旅和军属炮兵能够提供强大的战术和战役级火力，而且在这一方面做得非常好

等待装填的L15A1底凹榴弹

# 战神的怒吼

## 现代西方师属榴弹炮

邓涛 著

中国长安出版社

**图书在版编目（CIP）数据**

战神的怒吼：现代西方师属榴弹炮 / 邓涛著. ——
北京：中国长安出版社, 2014.11
ISBN 978-7-5107-0822-0

Ⅰ.①战… Ⅱ.①邓… Ⅲ.①榴弹炮－介绍－世界
Ⅳ.①E924.3

中国版本图书馆CIP数据核字（2014）第266473号

# 战神的怒吼：现代西方师属榴弹炮

邓涛 著

策划制作：指文图书®

出版：中国长安出版社

社址：北京市东城区北池子大街 14 号（100006）

网址：http://www.ccapress.com

邮箱：capress@163.com

发行：中国长安出版社

电话：（010）85099947 85099948

印刷：重庆大正印务有限公司

开本：787 毫米 ×1092 毫米　16 开

印张：11.5

字数：250 千字

版本：2023 年 3 月第 2 版 2023 年 3 月第 1 次印刷

书号：ISBN 978-7-5107-0822-0

定价：89.80 元

# CONTENTS 目录

# 前　言

　　火炮作为"战争之神"，从出生之日起就成了战场上最受瞩目的武器装备。在很长一段时间里，关于火炮的发展一直在牵引化和自行化之间进行争论，而这一切的起源均来自那两场在记忆中日渐褪色的世界大战。来自战场的军人希望火炮全面自行化，而由文人充当的政府官员则希望火炮全面牵引化，这种争论的源头看似是由成本所造成的，但还有一些更深层次的原因。

　　火炮自行化理念的源自第一次世界大战中后期，由于战场环境产生的现实性需求已经足够强烈，在这一基础上，自行火炮作为装甲车辆的一个重要分支也开始了自己独特坚定的演化过程。在第二次世界大战那激烈的装甲战中，自行火炮的价值得到了充分的体现。而在战后的冷战背景下，北约集团面对华约集团强大的装甲力量，对自行火炮的需求也就更为迫切。也正是由于华约的威胁，北约国家相继推出了一系列的出彩的自行火炮。

　　牵引式火炮是最早出现在近现代战场上重型压制火力装备，即使在最激进的观点里，牵引式火炮都是现代军队里不可缺少的一环，毕竟其相对低廉的价格对现代军队有着极大的诱惑力。在冷战过后，随着战法和部队结构的变化，时代对军队压制火力提出了全新的需求，这些需求也催生了牵引式火炮的再次进化。同时，也由于军事科技的进步，牵引式火炮所使用的弹药也变得更加"聪明"，几方面叠加的结果让牵引式火炮这一"老兵"焕发出了新的光彩。

　　在本书中，我们不会讨论火炮牵引化和自行化的优劣，只是通过介绍冷战后北约集团国家推出的几种经典火炮，来对"战争之神"的演化之路进行分析，看看在新时代背景下，火炮的发展将走向何方。

# 第一章

# 西方现代化火炮的序幕：
# 一战中的自行火炮

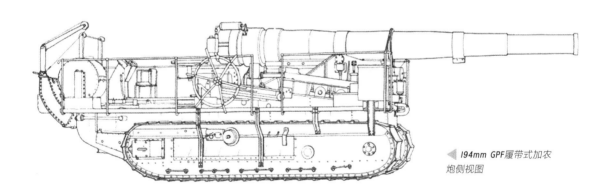

◀ 194mm GPF履带式加农
炮侧视图

坦克与自行火炮的区别，一开始绝非是泾渭分明的——"用于突破的履带式装甲火炮"，
或者"带有火炮的陆上装甲舰"，诸如此类的混沌称谓，很难让人对两者间的关系有一个清晰
的决断。然而到第一次世界大战中后期，由于战场环境产生的现实性需求已经足够强烈，自行
火炮还是开始了自己独特而坚定的分化进程……

## 自行火炮发展的大时代背景

对职业军人们来说，第一次世界大战称得上是一场颠覆性的战争，战前的大部分军事理念被战场上的无情现实所撕裂，即便是自拿破仑战争后就被喻为"战争之神"的炮兵也没能幸免。在1914年欧洲大战爆发前的半个世纪中，各主要军事国家均将炮兵划分为"野战炮兵"和"要塞炮兵"两大类，传统上的野战炮兵囊括所有伴随步兵运动的轻型、中型炮兵单位，而要塞炮兵则管制一切固定不动的炮兵设施与重炮，如"岸防炮、攻城炮与臼炮"。这样的划分貌似科学合理，实则却不过是主观臆想出的蠢物。

的确，拿破仑时期的战争在短暂的机动战阶段时，如果有充足的轻型野战火炮，仍然有可能穿过那个时期的无堑壕防线，或仅有轻便防御工事的防线。这也是拿破仑对他那个时代提供的重要经验教训之一。他曾说，"只有有了炮兵才能进行战争"。但随着堑壕防线的日益加深，当曾经设想的一系列机动战术在1915年年底统统转变为血腥且泥泞的堑壕战后，战前各国炮兵建设与战场实际相脱节的各种矛盾便尖锐了起来：这其中以轻型炮兵的战场推进与重型炮兵的野战化问题最为突出。

事实上，随着堑壕化的战线逐步演变为半永备工事，战前对野战炮兵尽量轻型化、直瞄化的偏执要求，开始令各国饱尝恶果，其结果便是整个炮兵体系的降阶使用，75~77mm左右口径的轻型化野战炮被迫开始扮演原先步兵炮的角色，而由要塞炮兵转化而来的重型炮兵则不但要充填原先野战炮兵的位置，还需要在反炮兵这个全新的陌生领域挑起大梁。结果，无论是提升炮兵机动能力的现实性需求，还是增强战场生存性的紧迫感，都在客观上催生了自行火炮这个新生事物。

## 英国的早期自行火炮

尽管英国人参加欧洲大战时的准备不足，炮兵的状况尤为糟糕（由于缺乏铜、炮管复进油和熟练工人，其火炮和弹药的生产数量甚至不足德国的1/4），但他们却是最早意识到应该将摩托化技术广泛应用于火炮领域的国家。事实上，早在人们普遍认为内燃机只适于代替马匹在硬质道路上使用的1910年，英国皇家陆军不但进行了多种采用内燃机的火炮牵引车试验，还对霍恩斯比10吨拖拉机、霍尔特15吨拖拉机等履带式车辆，作为6英寸以上口径重型火炮牵引车的可行性进行了尝试……

在1915年年底堑壕战的僵持已成定局的情况下，出于躲避敌人反炮击火力打击，同时拓展火力灵活性的考虑，如何利用某种机械装置协助重型炮兵通过泥泞和布满弹坑的战场，突破铁丝网和克服堑壕障碍，转移到新阵地，已成了英国皇家陆军心中头等重要的大事。恰好在此时，英国皇家海军那个"陆上战舰委员会"鼓捣出来的东西令英国皇家陆

▲ 这种"霍尔特"拖拉机客串的军用牵引车可以拉着重型装备顺利通过前方的泥泞道路

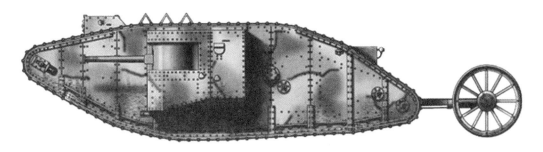

▲ *Mark I*坦克与"*MK I*型履带式火炮搭载车"拥有相同的技术渊源，后者大量使用了前者的部件和引擎

军大受启发。对皇家海军试图将小口径海军火炮、锅炉钢板与履带式拖拉机底盘结合起来，作为陆上突破武器的想法，皇家陆军方面在内心深处实际上是嗤之以鼻的（以机械可靠性的实际来说，将这类"陆上战舰"作为堑壕战场的突破工具，象征意义要大于实际价值），但对将类似的思路和技术用在炮兵上却很感兴趣：毕竟将大炮直接装在履带式底盘上，这对于战场环境的适应性，不是任何类型的牵引结构可比拟的。

尽管出发点完全不同，但由于产生的技术基础是完全一致的，所以坦克与自行火炮几乎同时诞生于英国皇家陆军。这一事实并不令人吃惊，只是在前者的时代意义被反复夸大的今天，后者已经被人彻底忽略了。英国皇家陆军的自行火炮与Mark I坦克有着共同的技术渊源，两者的履带式底盘在结构设计上是十分类似的，前者可视为后者的重炮火力支援版本，用于搭载6英寸口径以上重炮实施远距离间瞄射击，而后者则可视为前者的装甲突破版本，主要用于引导步兵克服堑壕和铁丝网的障碍，同时在达成突破的过程中，用所携带的小口径海军火炮对敌方有生力量和机枪火力点实施近距离直瞄射击。

具体来说，被英军称为"MK I型履带式火炮搭载车"的这种炮兵装备，其底盘部分应用了大量Mark I型坦克的部件，如与Mark I坦克完全相同的福斯特–戴姆勒6缸105马力汽油引擎（Foster-Daimler Six-cylinder 105hp Gasoline Engine）作为动力，就直接挑明了这个奇特的履带式炮兵装备与当时英国坦克之间的血缘关系（这种引擎实际上是一种德国货，即英国福斯特公司战前引进德国戴姆勒引擎技术生产的许可证产品，历史有时就是这么奇怪，英国坦克使用的却是德国引擎，而且一战时期的英国坦克都是使用戴姆勒引擎，世界上第一种自行火炮也不例外）。

此外在整体设计中，我们也能发现许多"MK I型履带式火炮搭载车"与早期过顶履带坦克似曾相识的痕迹：发动机位于车体中央，动力通过离合器、主齿轮箱和差速器传至车辆两侧的转向齿轮箱，尔后通过滚动的链条把动力传至主动轮；无悬挂系统的刚性车架，诱导轮在前，主动轮在后，车体两边各有12个小型负重轮，以及8个履带上缘支撑轮；为履带架制作了全封闭式的5mm装甲钢板侧裙；履带以铆钉方式固定钢板块与履带链条，并以单鞘式连轴杆对接活动轴承串联成为完整的履轨；该车的转向，如同Mark I坦克一样，同样是通过降低一条履带的速度提高另一条履带的速度来实现的（车长给两名方向操纵员发出加快或者降低速度的信号，使车辆驶向

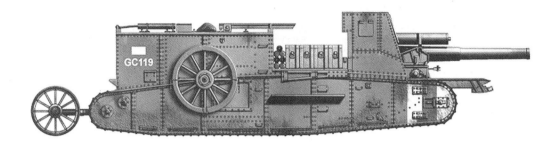

▲ "MK I型履带式火炮搭载车" 侧视图

指定的方向），并在车尾处同样装有一个被称为后方方向盘（The Rear Steering Wheels）的装置，其功能有三：一是改进车体的平衡；二是协助车辆穿越壕沟；三是帮助车辆的转向，具有这一时期英国坦克典型的技术特征。

不过，由于主要用于搭载大口径火炮实施远距离间瞄射击，"MK I型履带式火炮搭载车"实际上起到的是一门移动式炮架的作用，所以用途上的显著差异也导致其与Mark I坦克的底盘部分并不完全相同。一方面，出于降低重心增强射击稳定性的原因，"MK I型履带式火炮搭载车"底盘车架高度相比Mark I坦克的4.33米，调整到了3.87米（以中间最长的一根衍梁为基准），这使该底盘在外观上与被称为"菱形"坦克的马克I坦克有着显著的差异。另一方面，由于不需要承担火线突破任务，"MK I型履带式火炮搭载车"的上层结构采用了无防护的半敞开式设计：一门完整的6英寸26 cwt BL榴弹炮被置于车体首部，另有2个基数的弹药箱被毫无遮挡地置于其后的车体中部甲板上。

6英寸26 cwt BL榴弹炮属于一种应急设计，1915年初开始设计，到年中就制造出了第一门样炮，年底便将近700门实用型6英寸26 cwt BL榴弹炮交付给部队投入使用。不过，经

实战证明它是一种非常有效的武器，前方部队可以用它来摧毁敌军的工事、战壕和碉堡。该榴弹炮的炮管短粗。更奇妙的是，它还可以进行俯射，在执行炮击任务时，有时候需要采用这样的射击方式，而在采用箱形炮架的情况下可以很容易地实现这样的射击角度。到1916年，这种6英寸26 cwt BL榴弹炮已经成为英国军火库中最重要的，数量最大的重型火炮之一，它的使用范围迅速扩展到协约国和英联邦其他许多国家的陆军部队中。这种武器可以发射两种弹药，其中的一种重45.36公斤（100磅），另一种重39公斤（86磅）。该火炮的最大射程在采用轻型弹药时可以达到10425米（11400码）。一直到第二次世界大战爆发，这种武器还在服役，在之后二战中的北非战争期间，甚至还能看到它们的身影。

值得注意的是，作为早期自行火炮的雏形，尽管"MK I型履带式火炮搭载车"所搭载的6英寸26 cwt BL榴弹炮可以直接在车上射击，但这种方式却并非设计使用的常态。将火炮由底盘上拆下，装上轮子后进行常规射击才符合设计意图的本意（也正因为如此，挂在车体后部箱形发动机舱两侧的炮架轮显得十分扎眼）。换句话说，"MK I型履带式火炮搭载车"的定位实际上更接近于"火炮搬运

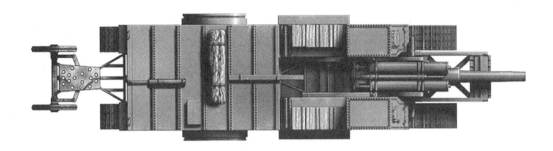

▲ "MK I型履带式火炮搭载车"俯视图

"工"之类的"自行炮架"，这与现代意义上的自行火炮的差别还是非常显著的。不过，作为一个开创性的划时代作品，"MK I型履带式火炮搭载车"所代表的启迪意义仍然不容小窥。作为Mark I坦克的衍生型号，首辆"MK I型履带式火炮搭载车"样车出现于1916年10月1日。考虑到此前的半个月，首批32辆Mark坦克才刚刚被投入索姆河战场，我们完全有理由认为"自行火炮"与"实用化坦克"的诞生基本上是同步的。

不过，由于坦克的战场表现出乎英国皇家陆军高层意料：尽管当时英国派到法国的有两个坦克连的60辆坦克被分散配置在9个师三英里长的战线上，但60辆坦克中开出车场的只有49辆，其中有36辆到达了进攻出发线，只有9辆依靠自己的能力又开了回来，其余都因为机械故障或翻在沟里而动弹不得，被德国人的炮火所击毁，但作为发展目的单一而特殊的战场突破工具，这些原始的履带装甲战斗车辆，不但在战壕和铁丝网间开辟道路的效能值得称道，其能够节省大量士兵生命的存在意义更是得普遍认可，因此对其需求量超过了预期。这也使共用生产线的"MK I型履带式火炮搭载车"产量受到了严重影响，最终，仅仅有48辆被生产出来，并在1917年7

月底开始的第三次伊普雷战役打响前，将其中的29辆编成一个特别炮兵营运到了法国。

虽然第三次伊普雷战役号称重炮交响乐：约3000门150mm口径以上重炮在17天里进行了密集炮击，约1100万发炮弹被打了出去，但仅有的一个"MK I型履带式火炮搭载车"特别炮兵营起到的作用却微乎其微，几乎被人所忽略。当然，这并不是说"MK I型履带式火炮搭载车"及其搭载的6英寸26 cwt BL榴弹炮不够给力。"MK I型履带式火炮搭载车"无论是底盘的通行性能，还是整个武器系统的火力便捷性都令人称道，明显表现出了相对于同口径牵引式重炮的优越性。但问题的关键在于，这些"MK I型履带式火炮搭载车"的数量过少，再加上因机械故障原因，真正堪用的不到一半，其打出的炮弹量按比例几乎可以忽略不算，以至于到了战役后期，英军指挥部干脆将这些"MKI型履带式火炮搭载车"从阵地上撤出，在拆掉火炮后作为弹药输送车使用，反而收获了更好的实用价值……

此后，直到1918年年底战争结束前，英国并没有再追加生产更多的"MK I型履带式火炮搭载车"，原有的车辆也逐渐在使用中因磨损加剧而陆续报废，结果当1920年英国皇家陆军开始大规模裁军时，其炮兵战斗序列

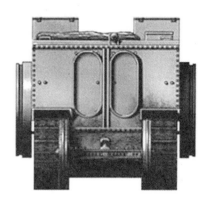

▲ "MK I型履带式火炮搭载车"前后视图

中已经找不到这种怪异的装备了，世界上第一种自行火炮，"MKI型履带式火炮搭载车"的故事就此结束。

## 法国的早期自行火炮

在一战中，法国是第二个研制生产并装备坦克的国家，这为其发展自行火炮提供了一定程度的技术基础。不过，由于更深层次的原因，法国人在发展自行火炮的问题上，比英国人要审慎和深刻的多，取得的成果也更具有现实性的使用价值，对于后世的影响也更大。首先来讲，法国人在一战中发展自行火炮的目的在于满足反炮兵作战的需求。第一次世界大战爆发时各国陆军所谓的"反炮兵"观念，还是停留在拿破仑战争中"炮兵决斗"的浪漫想象中：轻炮兵冒着枪林弹雨推炮前进，发射旺盛火力摧毁敌军火炮。在战前的德军炮兵战术条例中提到"炮兵决斗"之外的有关"反炮兵"方法，即建议利用步兵突击摧毁敌军观测、指挥所，以使敌军炮兵陷入混乱；而法军对"反炮兵"战斗的看法则更为极端，认为任何将弹药运用在提供步兵直接支持以外的地方上都是浪费，并且在1913年出版的准则中明令禁止……

然而，这种幼稚的看法很快在1914年之后的残酷战斗中得到了修正。随着战争进程的深入，被困在堑壕战僵局中的双方越来越寄希望于用炮兵达成战局的突破。结果，由于炮兵角色的日渐吃重，反炮兵战斗开始成为作战焦点所在，相当一部分重型炮兵的任务也从堑壕轰击中抽身而出，转变为专职的反炮兵部队。与此同时对于反炮兵作战方案的规划，也日渐成为僵化的数学计算问题，比如，在法军新的炮兵条例中要求在面对战线中央地带的每一门敌炮，己方均须相对配置一门反炮兵火炮；而在战线主轴的两翼，则是一门反炮兵对付敌方四门火炮……

但显而易见的是，将反炮兵作战变成简单的数字游戏，不仅是一种笨拙而低效的方法：反炮兵火力用重型、中型炮企图摧毁对方防御火炮，或至少暂时压制对方，但不一定会取得成功，而且还需要耗费了大量人力物力资源，削弱了原来用于进攻的力量。对此，法军中一批向往着把新的技术思想应用于军事领域的热心人，开始寻找更为有效的方法用于反炮兵作战。他们很快就意识到，既然敌我双方的所有炮兵部队都把对方炮兵列为最优先攻击的目标，那么在远程重型火炮射程和威力都不断提升的情况下，保证反炮兵部队的战场生存性，而不是单纯的增加反炮兵火炮的数量，必然是实现高效率反炮兵作战的关键。

对反炮兵部队而言，如何回避敌方炮火或减少敌炮兵火力的影响，应当是反炮兵部队最应优先考虑的问题。从理论上来说，由于敌人使用弹药和发射系统在性能上的改进，反炮兵部队要想切实提高自身的战场生存力，除了伪装、隐蔽、分散、构筑工事等传统方法外，使火炮获得快速而频繁的转场机动能力更为重要：毕竟间瞄武器在原处作战时间越长，它被摧毁的危险性也越大（无论射程具有何等优势），而使火炮经常转移本来就是一种使间瞄武器得到生存的办法。最终，作为这一切思索的结果，一种以反炮兵作战为主要使命的履带式自行火炮出现了。

执行反炮兵任务的火炮大都笨重缺乏机动性，不能很好地适应地形特征，而且它们

的弹药也太沉重。为了将这些不利于完成任务的负面因素排除，各种方式的试验都想尽办法进行过了，但答案只有一个，那就是尽快发展重型拖拉机式的履带车辆，而如果说还需要强调些什么的话，那就只能由类似于坦克这样的东西来提供了。总体来说，这种履带式自行火炮系统是一种将重型远程火炮的炮管安装在自推进履带式底盘上的全新设计。但需要说明的是，针对这种履带式自行炮架项目进行的所有试验都是单独完成的，完全没有与法国的坦克项目搅和在一起。

整个设计的基础，采用了由施耐德公司在其勒克鲁佐工厂（Le Creusot works）研制的一个巨大的履带式底盘，实际上是霍尔特15吨拖拉机的按比例放大版本，由一台安装在底盘后部的汽油发动机驱动，整个上部结构完全是敞开式的。驾驶员坐在底盘的最前端，炮管的托架差不多挨到了他的座椅后面。另在车体后部配备了一个小型起重机，以便能够将弹药提升到与炮管后膛后面的乘员平台等高的位置上，节省人力和提高装弹效率。不过，由于这样的布局或多或少地会限制火炮的仰角，进而影响到它的射程，所以说，这种设计本身是存在一定缺陷的。但考虑到对机

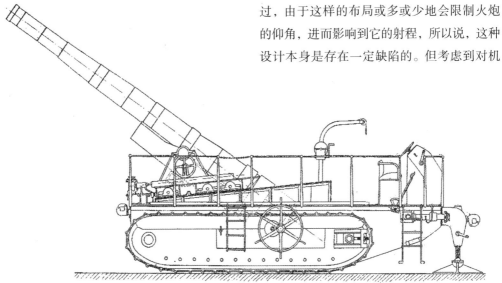

▲ *194mm GPF履带式自行加农炮侧视图*

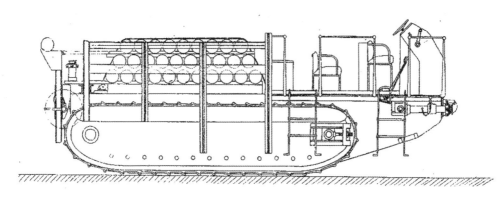

▲ 与194mm GPF履带式自行加农炮配套的履带式弹药运输车

动性和可生产性方面带来的诸多益处，两者相比取其利，法国军方更愿意接纳如此设计的优点，而忽略其他方面的不足。当然，为了增大火炮的仰角，后来在量产型号上又对上层结构进行了一定范围内的重新设计。

尽管在早期进行的样车试验中，由于安装的是155mm火炮，使人们对这种自行武器的用途一度产生了怀疑，但当看到量产型中的大部分重新换装了一种名为194mm GPF（"宏力菲鲁"或"大力菲鲁"）加农炮的长炮管火炮，而只有少部分安装了射程较短的280式榴弹炮（280式榴弹炮即14/16型"施耐德"280mm榴弹炮的一种衍生产品），这种疑

虑彻底打消了（为保证产量，只制造了少量可以安装280mm口径炮管的样炮，真正的生产型火炮则统一安装的是194mm型炮管）。

1918年之后，少量280mm（11.02英寸）版本的炮架也不再使用了，它们基本全被改装为使用194mm（7.64英寸）口径火炮的制式化版本。尽管这种原始的履带式自行炮架武器是一个既笨又重的家伙，数量上也微不足道，但它们的确可以在不需要牵引车辆的情况下毫不费劲地穿越过各种苛刻难行的地带，而且其火炮本身的射程、弹重和威力也都很理想。所以，在第一次世界大战中这是一个相当了不起的成就，具有许多非凡的特征，

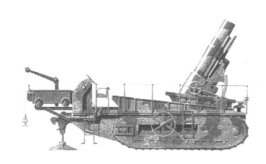

▲ 基于施耐德公司研制的大型履带式底盘的M280 sur chenilles，它承载的是14/16型280mm"施耐德"榴弹炮的一种衍生火炮。这种280mm火炮的生产量很少

▲ 采用与280mm型自行火炮相同底盘的194mm GFP加农炮。尽管其仰角有限，但它极大地提高了机动性，足以弥补仰角受限方面的缺陷

而这些特征还为日后的许多设计所借鉴：比如，除了复杂的巨型履带式底盘外，这种炮架还可以自动调节反后坐机械装置，以使其与所有可以实现的仰角、液压刹车系统和气动复动机相适应。

不过，整个第一次世界大战中，"194mm GPF履带式自行式加农炮"并非法国在自行火炮领域所取得的唯一成就，一种基于雷诺FT-17轻型坦克底盘的75mm口径自行火炮方案，可能更值得我们关注。简单地说，这个方案的设计意图，本质上是为了恢复著名的M1897 75mm榴弹炮真实战场效能。在1914年之前，法国的一些军事思想家们普遍认为，法国陆军的主要长处是快速攻击，因此，法国的陆军部队实际上应该加强军事训练和提高战术决策能力，而根本就不需要装备那些主要用于防御或慢攻的重型火炮。鉴于这样的一种指导思想，在第一次世界大战打响之前，法国陆军在野战炮兵装备方面的全部家当只有一种口径并不大的火炮：即为法国步兵团开道的M1897 75mm（2.95英寸）野战榴弹炮。在开战时，法军有3,840门M1897 75mm炮，但只有308门火炮口径超过75mm；到了1918年，M1897 75mm炮占总炮兵火炮的比例也不过下降了24%，仍然是法军炮兵中的绝对主力。

当然，法国人如此偏执于这种75mm口径的野战榴弹炮，看上去也有着不赖的理由：这种火炮有着独特的反后座系统，射速几乎是同类火炮的4倍，而且初速高，弹道低伸，其弹丸能产生大量破片，还在炮轮下面装了一套刹车片，是世界上同类武器中的佼佼者。这种反后座系统对间谍和模仿者严格保密，在结构上包括一个能完成两种重要功能的液压气动式反后坐装置，该装置一方面能吸收射击时作用在火炮上的后坐力，另一方面还可使火炮复进到射击前的原有位置，而后一种功能正是这种反后坐装置与当时也在进行试验的其他反后坐方式的不同之处。驻退机通过迫使驻退液通过一个小孔来吸收后坐能量。与此同时，火炮的后坐运动压缩驻退筒里的空气。后坐力一消耗殆尽，压缩空气即膨胀使身管复位。这种可控后坐周期时间很短，具有明显提高火炮发射速度的潜力，这就是为什么M1897 75mm野战榴弹炮的射速能达到惊人的30发/分钟的原因所在。

法军把对炮兵的所有希望都赌在M1897 75mm轻型榴弹炮上，相信唯有快速而猛烈的射击，才是摧毁敌军信心的唯一方法（战前，虽然拿破仑的"炮兵集中"观念被后来的法国军人奉为圭臬，但他们所认知的"炮兵集

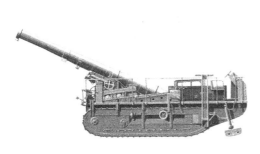

▲ 履带式底盘的驾驶员坐在装备前面，他的背后是弹药和操作区。汽油发动机位于底盘的后部，下面是升降装置

▲ 实施铁路运输中的*194mm GPF履带式自行式加农炮*

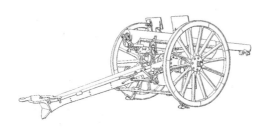

▲ M1897 75mm野战榴弹炮结构示意图（一）

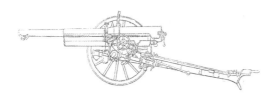

▲ M1897 75mm野战榴弹炮结构示意图（二）

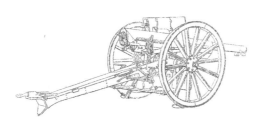

▲ M1897 75mm野战榴弹炮结构示意图（三）

中"，却是将大量的炮兵集中在第一线上，要求指挥官应尽可能地在战场空间许可的条件下，将手中的火炮在敌战线前排成一线，以直接瞄准射击方式在敌军防线上撕开一个缺口，以便步兵突破。M1897 75mm野战榴弹炮就是在这种以直瞄射击为主，尽力提高野战机动性和射速的指导思想下出现的一个经典之作）。然而，战事一开，事实很快证明教条式地执行"进攻，进攻，永远进攻"战术思想既妨碍了想象力与灵活性，也妨碍了性能出色的M1897 75mm轻型榴弹炮的战场发挥。一

方面，在1915年年底战线僵化为堑壕战后，大部分M1897 75mm轻型榴弹炮被迫退到战壕后方，充当间瞄而不是直瞄火炮使用，但炮兵却发现他们根本没有可以进行高角度射击的装药，虽然技术上M1897 75mm轻型榴弹炮最大射程可达9000公尺，但因为在准则中被限制仅能在4500公尺范围内进行直射击，因此当他们进入到壕沟后方射击阵地的时候，才发现瞄准具上的刻度划分最远只到6000公尺，而且该炮所能发射的高爆弹药最重的也只有8公斤，根本无法摧毁野战工事。更夸张的是，法国根本没有生产高角度射击用的装药，结果数量占绝大比例的M1897 75mm轻型榴弹炮在这个用途中，沦为了令人诟病的废物。

另一方面，尽管法国人深知这种出色火炮的价值在于直瞄而不是间瞄射击，但恢复其本来用途的努力却一再以失败而告终。在多次以突破堑壕封锁为目的的会战中，大量的M1897 75mm野战榴弹炮被重新推出战壕，扮演大口径步兵炮的角色、伴随步兵运动，以贴身式的直瞄火力摧毁一切阻碍部队前进的敌有生力量、铁丝网、机枪火力点乃至步兵炮炮位（1915–1917年期间，协约国常常企图从西线突破僵局，但由于双方对峙的战壕一直从北海伸展到中立的瑞士边界。因没有侧翼，要进攻就必须对永备工事进行直接正面攻击）。

尽管单就火力性能而言，由于出色的精确性、令人绚晕的射速以及远比一般小口径步兵炮更大的威力，M1897 75mm野战榴弹炮不会令人失望，但战场机动性方面的短板却令其在大多数时间里，难以胜任大口径步兵炮这一角色。该炮在充满弹坑、堑壕的泥泞战场上，靠人力和畜力往往寸步难行，无法跟上步兵突破的步伐，造成步炮协同的严重脱节，步兵和炮兵都为此付出了难以想象的

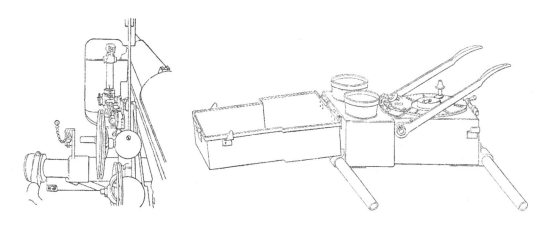

▲ M1897 75mm野战榴弹炮炮架结构示意图　　　　▲ M1897 75mm野战榴弹炮炮床部分结构示意图

惨重代价（当步兵攻占一线敌人阵地后，需要伴随直瞄火炮移转至下一线目标时，M1897 75mm野战榴弹炮常常需要几个小时才能完成火线上的战场机动，换句话说，在步兵需要这种火炮的大多数时间里，M1897式75mm野战榴弹炮的身影都很难出现在应该出现的位置）。结果，为了恢复M1897 75mm野战榴弹炮应有的战场效能，似乎只有为该炮配备一个履带式机动底盘才是唯一彻底的解决方案，FT17坦克就在这种情况下进入了法国炮兵的视野……

当然，对法国人来讲，由于在坦克方面的研究起步早、投入力度大，理论上能够成为M1897 75mm野战榴弹炮机动底盘的选择有不少："施耐德"、"圣沙蒙"这类中型突破坦克都是很好的改造对象，不过问题在于这些履带式底盘对M1897式75mm野战榴弹炮来说太大也太贵，并且通行性能欠佳。结果在综合权衡之下，1916年11月出现的FT17坦克似乎是个更好的选择。首先，这种7吨重的小坦克尽管只有5米长、1.75米宽，也许无法负担重型火炮，但作为M1897式75mm野战榴弹炮的底盘却是足够了（M1897式75mm野战榴

弹炮先进的反后座系统为其在小型炮架或是底盘上的应用，提供了可能）；其次，由于行动部分采用了大直径诱导轮在前的独特设计，再加上一台35马力的四缸汽油引擎，这使其通行越障能力甚至与采用过顶履带这种极端设计的英国"菱形"坦克都不相上下，作为火炮的自行底盘显然甚为理想（过垂直墙高0.61米、越壕宽1.98米）；最后，FT17的结构简单，可生产性好，制造成本低廉，由其底盘衍生一种自行式机动火炮性价比相当有优势，在这场耗资巨大的战争中，尤其是个难以让人抗拒的巨大优点。显然，M1897式75mm野战榴弹炮与FT17坦克的组合是一对绝配，

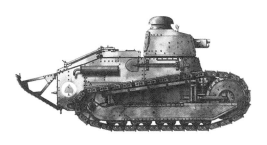

▲ 为M1897 75mm野战榴弹炮配备履带式底盘的本意，是提高其作为一种战场直瞄火炮的战斗效能

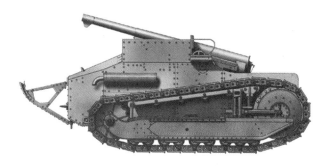

▲ *FT17/75自行火炮侧视图*

而法国人是这样想的，也是这样做的，于是FT17/75自行火炮就这样横空出世了。

令人略微有些遗憾的是，由于底盘和火炮两部分都取自相当成熟的现成系统，再加上战争的紧迫造成的压力，FT17/75自行火炮本身的设计可谓乏善可陈：除了火炮身管被倒置于车体外，基本就是一个拆除了炮塔的FT17坦克底盘，与一门敞开式结构的M1897 75mm野战榴弹炮炮身的简单组合（没有采用封闭式装甲炮塔的原因不难推测，M1897式75mm炮在尺寸上比FT17火炮型的37mm炮大得多，如果要为其提供一个巨大的封闭或半封闭式装甲炮塔，对于FT17狭小的底盘来说，由于重心的变化，整个自行火炮的平衡问题相当令人头疼，而且炮塔的存在也会对快速补充弹药造成困扰）。不过，即便如此，如此一种简约设计也足以达到其主要意图了，FT17底盘使M1897 75mm野战榴弹炮拥有了一种飞跃性的战场通行性能，同时这种火炮固有的一些缺点也得到了完美的弥补。

尽管直到战后，M1897 75mm野战榴弹炮依然称得上是同类火炮中的佼佼者，但使用单腿大架，方向射界有限的缺陷却无法让人视而不见（只要方向回转超过3°，该炮就必须移动大架，并重新设置刹车片，密位调整十分繁琐），不过FT17底盘的采用却使这一切迎刃而解：火炮本身仍然只具有有限的方向射界，但现在却可以通过底盘旋转的方法来解决所有不便。可惜的是，虽然FT17/75自行火炮从1918年9月开始投产，但仅仅生产了不到75辆后，就传来了同盟国投降的消息，这使其没能接受战火的洗礼。随着战争的结束，FT17/75自行火炮的生产被迫终止，已经走下生产线的部分车辆作为法军摩托化炮兵的试验性装备一直服役到1940年……

## 结语

从那标志一个时代结束的欣欣向荣的1914年8月起，未经战火考验的军人们就在随后的4年中，格斗、流血、死亡，饱尝充满了血腥滋味的"愤怒的葡萄"，却也收获了一些不一般的果实：自行火炮的悄然萌发。事实上，一战中的参谋和将军们发现，他们很难放弃前半生所坚持的并且又被战前错觉所引导的战略思想，因此要处理他们所面对的意想不到的和前所未有的战术形势自然相当困难，但是一些战术上的改变却又是必须的。于是，在他们的默许甚至是鼓励中，自行火炮作为现有火炮的一种改良产品出现了。尽管这种改良性武器的意义一开始被大部分人所低估，而且它们的出现也并没有马上改变战术力量的平衡，但它们既然已经在这场战争中被证明是有用的，那么在下场战争中大放异彩也就成了一种必然……

# |第二章|
# 冷战中的欧美牵引式榴弹炮：FH70 篇

作为人类历史上最特别的一段经历，在不惜工本的资源投入下，冷战时期的军事技术以一种不亚于战时的速度飞奔。于是，很多令人印象深刻的"冷战兵器"纷纷出笼了：它们或是一枚射程上万公里的核导弹，或是一艘排水量惊人的核潜艇，或是一架速度超过3马赫的战机，或是一辆安装两用炮管的主战坦克，还有可能是某些想像力过份的超级武器……但无论如何不会是一门"平庸的"牵引式榴弹炮。

不过，现在所要介绍的正是这样一些似乎毫不起眼的"冷战兵器"——英、德、意联合研制的FH70牵引式榴弹炮、美国研制的M198牵引式榴弹炮、瑞典的FH77榴弹炮以及法国的TR−155榴弹炮等。在中规中矩的外表下，这些真的只是乏味无聊的炮兵装备吗？让我们先从FH70讲起……

▲ 笼罩在烟雾中的*FH70 155mm牵引式榴弹炮*连阵地

▲ 放列状态的*FH70 155mm牵引式榴弹炮*

## 冷战所催生现代炮兵的大发展

战后初期的西欧整体上处于衰落状态，根本没有实力对抗迫在眼前的苏联威胁，需要强有力的外部支持。同时苏联强大的军事实力及其共产主义意识形态，也使美国确信欧洲（西欧）安全就是其核心安全利益所在。为了自身安全和保持美国在世界上的领先地位，美国必须对欧洲提供援助以遏制苏联。于是在两极国际格局的环境中，大西洋两岸很自然地走到了一起：1949年4月4日，美国与跨大西洋西欧盟国以及加拿大等一道签署了《北大西洋公约》，并据此建立了北大西洋公约组织（简称北约）。

北约的建立有其明显的安全逻辑，即大西洋两岸都能够明显地感觉到来自苏联的严重军事威胁。因此出于自身安全上的强烈需要，加之大西洋两岸的北美和西欧各国在民主、自由、法治等基础价值上的一致认同，北大西洋联盟就此形成。北约实质上是大西洋两岸为了应对共同的苏联威胁而组成的防务互助组织，其建立的基础及基本运作原则就是大西洋两岸各成员国在安全上的不可分割性。这一点明确地体现在公约第五条，即对联盟任何一个成员的攻击就是对整个联盟的攻击。通过这种方式，西欧的安全就和北美的安全紧密捆绑在一起。作为跨大西洋盟国范围内开展集体安全防御的国家间军事集团，北约组织诞生并服务于两极国际体系条件下美苏争霸的需要，无可避免地带有时代的烙印，这明显反映在美国与北约欧洲盟国的关系上。从北约成立伊始，美国就凭借其强大的军事实力和坚定的信心牢牢把握着北约的领导权，而欧洲诸国则基于实力和地位上与美国的巨大差距以及自身安全上的迫切需要，不得不接受美国的领导。

事实上，对西欧和中欧的北约主要成员国而言，最初北约的成立很大程度上是出于心理上的目的：1949年在"铁幕"两边的陆军师的比例大致为125:14，这一比例大大有利于苏联人，然而由于政治上的分裂和民族对立情绪依然严重，尚没有达成和解的中西欧不可能组建一支能与苏联红军相匹敌的欧洲地面部队，所以中西欧国家同意与美国一同建立欧洲共同防御战略思想的理由再简单不过，那就是美国有能力提供原子弹。西欧不得不依赖美国人的原子弹去阻止苏联的进攻，美国的核保证就是这一同盟的基石，只要让属于他们的那一半欧洲大陆披上核斗篷，（中）

▲ 放列状态的FH70 155mm牵引式榴弹炮

西欧人就有了一块为经济复兴和抵御苏联颠覆而工作的安全基地。

然而，贪图美国人提供的核保护伞并不是没有代价的：（中）西欧在政治上存在着沦为美国附庸的现实可能性。而从军事角度来讲，虽然英、法两国也在竭力谋求建立自己的核武库，并的确小有成就，不过整体而言，与美苏两个超级大国相比，英法两国的核武库都是微不足道的，他们所自我宣称的核威慑实际上从来没有达到过（即便是最低限度），美国的核保护伞仍旧是必需的。结果，由于北约的作用主要集中于与战略对手华约的全球安全竞争，北约组织在冷战不同时期所执行

的具体的军事战略实际上就是美国的战略，这造成北约的欧洲盟国，特别是英、法、德、意等骨干国家的军事战略一度被美国人完全"绑架"，而这种"绑架"在艾森豪威尔时代的"新面貌"政策中达到了一个顶峰……

对于北约来说，1950年代的重头戏是核轰炸机，而不是样式陈旧的火炮。事实上，1952年竞选期间，杜勒斯曾大声疾呼并谴责遏制政策，说这个政策把无数人推向了专制和邪恶的恐怖主义，因而这是一个消极、无所作为和不道德的政策。他和艾森豪威尔都承诺要奉行一项"解放"东欧人民的政策。与朝鲜战争的经历反其道而行之，艾森豪威尔的

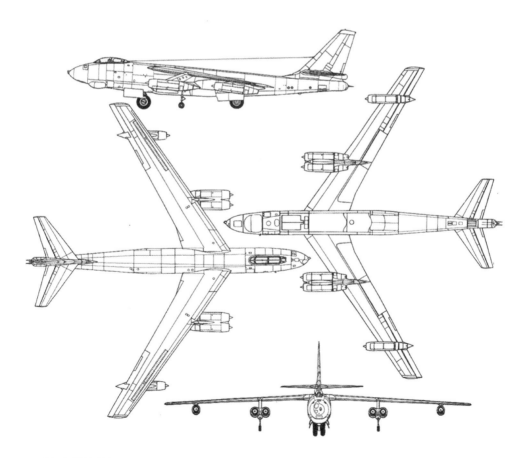

▲ *B-47*喷气式重型轰炸机

共和党政府允诺将推行被称为"新面貌"的防御政策，这一政策着重强调在认为合适的时机，美国将承诺使用核武器。

艾森豪威尔时代的美国所奉行的"新面貌"政策，强调要以核武器取代常规地面力量（与现代投射工具相结合的核武器，并不像人们有时所说的：核武器"是一种和其他武器相似的武器，只是威力较大而已"。核武器的威力使它自成一类，而与我们过去所知道的任何武器都不同。一颗普通大小的2万吨当量的原子弹产生的爆炸力，与400万枚野战炮弹一次齐射时相当）。

北约于1954年底初步接受了这一政策，北约理事会要求制定在战争初期首先使用核武器对付苏联入侵的计划，到了1957年，北约的欧洲盟国政治领导人正式接受了北约版的"新面貌"政策，批准了一份军事计划文件（MC14B2号文件），要求利用核武器对付任何威胁。他们计划使北约的30个师的常备军装备上核武器。这一原则也同样适用于北约的战术飞机。北约理事会同意在欧洲储备核弹头（那里已有了许多运载系统），到1950年代末，欧洲盟军最高司令部已拥有了约7000枚战术或是准战术级核武器。

然而，作为一种必然的代价，有限的军事资源在战术核武器上投入过多（尽管这些战术核武器大多数是美国人提供的，但这并不意味着中西欧国家自己就不需要对这些昂贵的武器买单），中西欧国家在常规力量的投入上自然也就减少了（由于进攻行动通常需要集中兵力，这样防御方则由于使用战术核武器获得了巨大的好处，它可以迅速地向敌人的集结地使用一枚核武器。这种防御甚至不会引起注意，它不需要针对敌人进攻的集结行动采取反制措施，即通过集结同样强大的常规军事力量进行应对，所以即便不考虑经济负担问题，对常规力量投入的减少也是一种必然）。结果这种对常规力量建设的漠视，以炮兵建设的滞后最为明显：由于认为少量核炮兵能取代大量常规炮兵，因此除了在少数自行火炮的研发上取得了有限的进步外（但苏联人的进步显然更大），英、法、意大利、西德等中西欧国家并没有装备或是研制任何值得一提的新型师级牵引式火炮，大量二战时期的陈旧装备仍然是这些国家的炮兵主力。

二战时期的BL MK3 5.5英寸牵引式榴弹炮直到1960年代仍然是英国陆军炮兵的主要装

▲ **BL MK3 5.5英寸牵引式榴弹炮**

备，不过在1957年批准MC14B2号文件后的最初几年时间里，似乎证明了北约欧洲盟国在选择核保护伞还是常规力量的博弈中，选择前者是足够明智的。当1957年10月4日，苏联把第一颗"史泼尼克1号"（俄语：Спутник，原意"旅行者"）人造卫星送入地球轨道后。这一惊人的科学成就使北约警觉起来，部分原因是这一成就所具有的军事意义。如果苏联人手中有了能把卫星送入轨道的火箭，也意味着他们就能生产出有巨大推力、带有可瞄准美国任何目标的核弹头的洲际弹道的火箭。刹那间，苏联改变了东西方之间的战略平衡。苏联在导弹技术上令人瞩目的领先地位所形成的外交优势立即被赫鲁晓夫加以利用。因此，从1957年至1962年的这段时期一直被称为"核纪元"，在此期间，爆发核大战的危险不但比以前任何时期都大，而且比以后的任何时期都大。

然而，事情在1962年的古巴危机过后却发生了某些变化。首先一点在于，1958年的柏林危机和1962年的古巴危机戳穿了苏联的核优势谎言，而这种结局引起了军事学术界对大规模报复战略的厌烦和有限战争理论的极大兴趣（所谓有利于苏联的"导弹差距"后来被证实是骗人的鬼话而已。直到1960年，苏联一共仅有4枚洲际弹道导弹和145架远程轰炸机，而美国在整个50年代就具备了核战略的绝对优势。1958年至1962年间，赫鲁晓夫在对外政策上进行的冒险部分原因只应归于苏联整体上的弱势而非强势）。

起初，分析家们的注意力都集中在使用战术核武器的问题上，但随后提出的主要建议集中到了加强常规部队的水平。美国避免任何规模的核冲突的最佳办法是：加强非核的空中和地面部队的部署能力，使之随时都能对付华约国家对盟国发动的入侵，它引起了新闻记者和政治权威们与日俱增的热情。而对这种违离"新面貌"政策的苗头，甚至得到了在总统任职末期的艾森豪威尔本人的默许。到1961年约翰·肯尼迪入主白宫后，公开主张摒弃"新面貌"政策，制定更加合理有效的国防政策。在1960年同理查德·尼克松竞选总统时，国防改革就是肯尼迪的一个主要观点，他坚持认为需要有一种更有力、

▲ 280毫米AFAP核炮弹（前）
和406毫米MK23核炮弹

▲ 406mm口径2B1 "原子炮"

更富创新精神的方法来落实遏制政策。

　　战术核武器的出现不仅没有加强北约的实力，反而引起了一系列的政治问题。核武器的数量并不能带来经济和战略的保证。如果美国计划在苏联对美国的战略力量实施第一次打击后再对苏联剩余的力量进行报复，那么美国所需的核弹数量将达到天文数字——而且会被视为美国的第一次打击力量而对苏联构成潜在威胁。正如麦克纳马拉对空军所说的："活见鬼，如果你们坚持大谈成千上万枚导弹，就是在大谈先发制人的攻击。"如果美国这样一支力量，就可能使苏联人因恐惧而发动一场双方都想避免的那种战争。于是，常规力量而不是核力量成了美国人对北约战略调整的新重点。

　　于是，在1962年古巴导弹危机结束后，肯尼迪正式提出了既准备打核战争又准备打有限战争的"灵活反应战略"：常规力量的建设重新得到了重视，北约欧洲盟国的军事战略重心也随之改变（灵活反应战略的意思是，对于敌人的每一种行动，都应有适当的反应，作出反应所使用的力量应足够击败敌人，但不应超过实施这个目标的需要。这并不意味着，一切行动必须仿效敌人（譬如对敌人的常规攻击的反应可以是使用战术核武器进行防御，甚至还可以发动一次有限的战略核攻击）。它的真正含义在于，对于每一种情况，都必须根据利害得失来处理，只有在不得已时，才使用大规模报复作为最后的一着。这种战略的目的在于产生有效的反应，同时又使冲突保持在有限范围内。

　　值得注意的是，苏联完成了从赫鲁晓夫到勃列日涅夫的权力更迭后，也提出了与灵活反应战备类似的军事观点。1964年勃列日

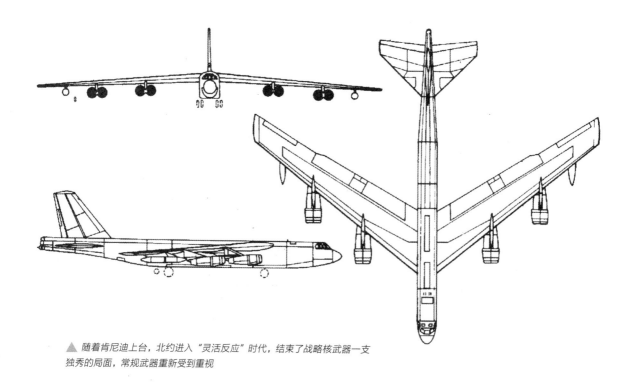

▲ 随着肯尼迪上台，北约进入"灵活反应"时代，结束了战略核武器一支独秀的局面，常规武器重新受到重视

涅夫上台后几乎即刻对赫鲁晓夫把火箭核战争视为唯一战争样式的观点进行了批判,认为"战争的样式既可能是核战争,也可能是常规战争;既可能是世界大战,也可能是局部战争。"这一时期,苏联在战争准备上,也同样既准备打核战争,也准备打常规战争。

另一方面,中西欧国家经过十几年的休养生息,国力大都得到了恢复,基本抹平了战争所带来的创伤,有意愿也有能力加强常规力量的建设。北约成立伊始,中西欧便享受到了美国核武器的完全保护。但是,随着苏联对美国核威胁的增长,欧洲开始怀疑一旦战争爆发,战略空军司令部能否来得及派出飞机来拯救欧洲。为了保卫西欧及南朝鲜与日本,美国研制了用于前沿部署的核武器,包括部署在北约国家的中远程导弹、可投掷核武器的空军战斗轰炸机和舰载飞机。

不过,地区性核战争的选择有利也有弊。一方面,它表明了美国的核保护伞的不可分割性,同时提供了一种低于总体战争的核选择余地。另一方面,这样做使得美国的战略同其盟国的行动联系在一起,这就产生了一个问题:当美国自身的生存都处于危险状态时,美国的保证是否还有意义?更何况,美国的北约欧洲盟国同时还注意到,美国对日内瓦首脑会谈、匈牙利革命、苏伊士危机和台湾海峡的所作所为表明美国极不愿意拿核大战去冒险,而欧洲本身的愿望也并不计划使用战术核武器,原因在于早在1955年,北约进行的一次全面核战争模拟演习中就发现要想拯救西德,只能先使它遭到摧毁。在代号为"白纸"的作战模拟演习中,演习人员"使用"了335枚战术核武器,其中268枚打在进入西德的苏联军队之中,这种核手段的反闪击战虽然挡住了苏联人,但也造成了500多万人的"伤亡"。

正是因为担心对核武器的战术使用会导致对核武器的战略运用,造成众多城市的毁灭和数以百万计的平民伤亡,最终只能是使欧洲而不是美国本土成为两极对抗的牺牲品。所以从这个角度来讲,对于准备打常规有限战争多过核战争的"灵活反应战略",欧洲国家是抱着比美国更为欣赏的态度来接受的。也正因为如此,作为加强常规力量的重要一环,更新现有过于陈旧的炮兵装备:包括自行火炮和牵引式火炮,就成了很多西欧国家的当务之急。

## 牵引还是自行?这是个问题

炮兵是一个古老的兵种,它的战场价值毋庸置疑,然而如何让这个古老的兵种在核战争的大背景下继续发挥效用却是一个新课题。理论上来讲,自行火炮是一个很容易想到的答案。是的,由于拥有一个功率强大的机械化底盘,为自行火炮设计一个全封闭的炮塔并不困难,这使其具备了在核战场环境下继续作战的先决条件。而且就可能在西北欧进行的任何战争来说,敌对双方都将比第二次世界大战时更加依靠机械化,也就是更加依靠机动性。战争的发展趋势是更多地使用自行火炮,这是个很有见解的看法。然而,牵引式火炮就不被需要了么?这样的想法显然过于武断。

首先从战略视角来讲,无论是在铁幕的哪一侧,炮兵是在核战场还是在常规战场被使用的机率更大显然是个问题。一位哲人曾把核武器比做"真老虎"和"纸老虎"。冷战的历史似乎印证了这一点,就核武器无穷的杀伤力来说,它是一只可以吃掉整个人类的"真老虎",但正因为如此,人们不敢轻易使用它,它又变成了一只仅能吓人的"纸老虎"。事实上,在整个冷战时代,大国间的战

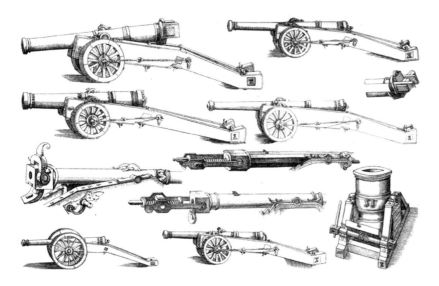

炮兵是个古老的兵种，它的战场价值毋庸置疑，然而如何让这个古老的兵种在核战争的大背景下继续发挥效用却是个新课题

以T-10M重型坦克为基础研制的苏联2A3 406mm口径自行原子炮

争是必须是废弃的政治选择。核战争已不可能是政治的简单继续，核战争中将没有胜利者，没有正义与非正义之分。核武器的主要目的是防止大国之间发生大规模战争，而且不仅要防止核战争，还要防止可能升级为核战争的常规战争。任何敢于发动战争、即使一开始并不是发动核战争的国家也意识到战争和冲突的升级就是"不断地拧紧螺丝扣"，最终可能导致核攻击，受到毁灭性的报复。这样，敢于发动核攻击的国家决策者不得不做得出

结论：在核时代，挑起大国间的战争必须慎之又慎。

另外，以核战争威慑局部战争与地区冲突的爆发往往收效甚微。这是因为此时威慑方很难下决心使用核武器，被威慑方也不相信威慑方会冒天下之大不韪。这就是和冷战时期核威慑未能遏制在东南亚和中东等地区爆发军事冲突的重要原因。对与核大国没有生死攸关的利益关系地区发生的低烈度冲突，如在与大国联系的松弛地区发生的有限

▲ 通过红场的2B1 420mm重型自行原子炮

战争、种族冲突、内部武装纷争和小规模游击战等，核威慑的效能更缺乏可行性与实用性。也正因为如此，由于美苏两国都无绝对把握在向对方发动第一次核打击后全身而退，冷战时期的"恐怖的平衡"才能够不断延续，特别是进入1960年代以来，美苏相继抛出"灵活反应"和"现实威慑战略"军事学说后更是如此（这两个战略是针锋相对的，但都强调在做好打核战争准备的同时，更侧重打常规战争，尤其是有限战争），所以在整个冷战过程中，核战争是阴影，但更是背景，双方军事上的立足点至多是核战争背景下的中低烈度常规战争，于是炮兵究竟是在核战场还是在常规战场被使用的机率更大，这个问题的答案也就不言自明了。而既然如此，那么牵引式火炮相对于自行火炮的战场价值也就并没有人们想象中那样低。

　　尽管第二次世界大战和战后的核战争背景为自行火炮的兴盛打下了基础。这让许多专家开始预言牵引式火炮作为一种过时的武器很快就会消失。专家的大量结论都归结为，牵引式火炮在战场上过于脆弱，运输状态和战斗状态的互相转换占用了大量时间，而且任何转移都依赖脆弱的牵引车等等……但尽管有这些缺点，许多因素还是决定了牵引式火炮还会在很长的时间里继续服役。从战术、技术和经济角度而言，自行火炮与牵引式火炮并非是一种非此即彼的取代关系。

　　除了对核战场的天然适应能力外，自行火炮相对于牵引式火炮的先进性主要体现在机械化底盘所赋予的战役和战场机动性，以及因为拥有一个装甲炮塔而得到的乘员防护增益。然而，在常规战场上，牵引式火炮的某些特质或者说是优点同样不容忽视。牵引式火炮是不可缺少的。这里的原因是多方面的。比如，自行火炮和牵引炮的防护力事实上没有那么大的差别。理论上自行火炮把乘员防护作为火炮整体设计的一部分，因此可为乘员提供最好的防护，但这种防护力和想象中的防护力还是有相当大的差别（只要求能挡住步枪子弹和近距爆炸的榴弹破片就可以了），而牵引式火炮的正侧面投影都非常小，至少比自行火炮小一半，在很多情况下投影面积小比装甲或机动性能够起到更好的保护作用。

与防护性问题类似，在机动性的问题上，牵引式火炮其实并不像想象中那样糟糕，甚至还拥有自己的某些优势，而这类优势有时并非不能理解。比如，牵引式火炮最首要的优势是易于远距离运输：通过铁路或是空运方式，这是牵引式火炮区别于自行火炮的一个显著优点。牵引式火炮更便于运输且不会像自行火炮那样令运输网满负荷，要知道几乎所有自行火炮的重量和尺寸上都要超过牵引式火炮，还有一些重量和尺寸甚至接近或超过主战坦克，所以当火炮要装车或是装机时，牵引火炮一定会看自行火炮的笑话，牵引火炮装车速度的快慢只是取决于有没有相应的装具，以及炮兵自身业务熟练程度的问题，这些都不是解决不了的。但自行火炮在这方面遇到的问题却并非如此，而这一点恰恰在需要快速展开分队进行紧急部署时特别重要。

自行火炮的战斗全重对其战略机动性的损害是非同一般的，所以在要求空运部署的情况越来越多的情况下，促使北约陆军必须在牵引火炮和自行火炮间进行慎重地权衡。更何况，美国人对于北约盟国增强战术性盾牌部队的要求，到1962年之后已经变成了灵活反应战略中的一个必要因素。特别是为了应付分级的区域性威胁，北约在美国的倡导下，开始组建一支强大的空运常规预备队，而这就为现代化牵引火炮而不是自行火炮的研发提供了一个最好的理由。

另外，火炮的战斗性能当然与火炮的机动性水平有重大关系，这与其他兵种是一样的。自行火炮的优点之一是出色的战场机动性，由于拥有一个强大的轮式或是履带式机械化底盘，在战场上自行火炮与牵引火炮二者的确有着明确的机动能力差别，这使得自行火炮在快速进入发射阵地和撤出时，享有相对牵引式火炮理所当然的优势，这使其战术意义上的生存性大大增加。不过，牵引式火炮其实也可以通过某些不太复杂的手段来在一定程度上来弥补自己的这一缺陷：比如加装辅助动力系统就是个不错的方案，这样牵引式火炮可以依靠自身实现短途的阵地转移，而且大架的展开和收回，助锄的入地，都可以借助辅助动力系统驱动的液压装置进行，从而大大减少准备阵地时间（尽管辅助动力装置仍然无法与自行火炮的机械化底盘相提并论，但用于弥补战术上的机动性缺陷是足够了，至少在进行一至两轮短促打击然后在对方发起反击的炮弹落地之前离开没有太大问题）。

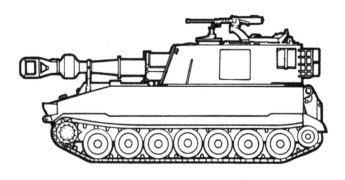
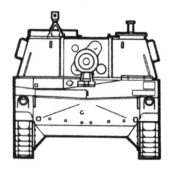

▲ 由于拥有一个强大的轮式或是履带式机械化底盘，在战场上自行火炮与牵引火炮二者的确有着明确的机动能力差别

▲ 欧洲人以高价获得的经验已经表明：巨大的资金是维持军队所必需的

如果说关于防护性和机动性方面的陈述是一些略有牵强的辩解，那么成本优势则为牵引式火炮在核战争的大背景下继续存在争得了一份实实在在的理由。火炮是大宗装备，全自行化在经济上很难是个现实的选择。而在大部分情况下，各种牵引式火炮的生产和使用成本却比更复杂和昂贵的自行平台要低廉。同是一门火炮，不论是牵引式的还是自行式的都有使用寿命。算下来平均两三门自行火炮的价格就相当于一个完整的牵引火炮连（北约在1980年代进行的一项研究表明，采购一个155mm榴弹炮连的装备，选择牵引式榴弹炮花费为950万美元、选择自行榴弹炮花费为3500万美元，后者是前者的近4倍），但达到的作战效能却未必随着单位质量的提高，所获得的作战效能会在武器效能到达某一点之

后开始回降。在这里，可以用一个不太恰当的比喻作为解释：用最先进的材料和用最新的工艺制造的极其优良的步枪，与根据同样的科学原理制造的、成本很低的普通现代步枪相比，其性能仅仅稍好一点而已。

于是这个成本就必须算一下了，不是有钱就可以为所欲为的（一位英国政治作家汉普登在1962年简洁有力地表述了此点：大量的资金，是战争的力量源泉，也是其他事业的力量源泉。欧洲人以高价获得的经验已经表明：巨大的资金是维持军队所必需的，但从长远的观点看，人们已经为此付出了过份昂贵的代价）。更重要的是，各国的技术人员也许都在力求获得武器技术上的优势，如更为完善而先进的自行火炮就是如此（在这方面，北约的欧洲盟国能够比苏联人做得更好），但对

▲ 冷战的核战争背景下也仍然需要同时推进自行与牵引两种炮兵装备的研发换装

于职业军人来说，为了保持数量，他们却宁愿牺牲一种武器所可能达到的最佳质量，过份追求质量所引起的效应，结果自然就是削减数量，并且在某些情况下会把数量削减到不符合战争实际需要的水平。而部队数量减少则意味着组织基础的动摇，所以从这个角度来讲，牵引式火炮可能比自行火炮对那些身居高位的职业军人更有吸引力，某些时候它不仅仅是一种武器那么简单。

此外，除了防护性、机动性和经济因素外，还有一些因素使得可以得出结论认为牵引式火炮还将在核背景的冷战中长时间有需求。比如，可靠性问题，也就是维修保障。自行式火炮不但有炮，还有车，所以维修上难度自然更大，而这个问题在战场上会被放大，所以不得不被很认真地考虑在内（相比之下，牵引式火炮不但在使用上要容易得多，可靠性也远远

高于自行火炮，毕竟一种武器的实际效用与理论性能很可能是完全不同的两码事）。也因为如此，这一切决定了，当中西欧洲国家刚刚从1962年的核战争边缘中侥幸幸免，并开始在新的军事学说下重整常规力量时，他们对自行火炮还是牵引火炮的态度并不是泾渭分明的，特别是在需要增援欧洲北翼部队的情况下，牵引式火炮而不是自行火炮将拥有更大的战略价值，所以西欧人对这笔账算得很精明，同时推进自行与牵引两种炮兵装备的研发换装或许更聪明也更划算……

## 单干还是联合？合纵连横式的开端

第二次世界大战结束，欧洲各国饱受战争创伤，元气大伤。法国似乎一蹶不振。英国则像一只受了重伤的雄狮，蜷伏在草丛中舔着流血的伤口，只是眼睛还在闪烁着贪婪的欲

▲ 经历了战后近10年的迷茫与思索，北约中西欧国家对于自行火炮还是牵引火炮的态度并不是泾渭分明的

火。德国、意大利更是一片废墟，像被打翻在地的猛虎，任人宰割。结果由于国力衰弱，急于医治战争创伤，再加上军事上一度过于严重依赖于美国提供的核保护伞，从1945年战争结束一直到1950年代末，作为一个国力的缩影，北约欧洲国家对炮兵建设的投入十分有限，不但在数量上与华约无法相提并论，质量上也很成问题。

事实上，在战后相当长一段时间内除了少量战后研制的自行火炮外（以美制M52和法制MK 61为代表），北约欧洲国家师一级炮兵仍然以二战时的陈旧装备为主：除大批根据租借法案和战后的军援计划获得的大批美制火炮外（如著名的"长脚汤姆"M1A1 155mm榴弹炮[1]或是M101 105mm榴弹炮），意制Obice da 210/22 35、英制MK3 5.5英寸榴弹炮这类老古董甚至仍能看到。不过古巴危机过后情况有了不小的变化。

北约在"灵活反应"的新军事战略下，开始重整常规力量建设，由于错综复杂的原因，中西欧国家对这一军事战略的调整回应十分热烈（"灵活反应"被认为有效解决了北约前沿集体防御与美国军队提供的核保护伞之间的关系问题），于是从1962年开始，很多中西欧北约国家纷纷开始新一代炮兵装备的预研。不过，考虑到在北约框架下奉行集体防御原则的各北约盟国对炮兵装备的战技性能有着相当一致的需求，所以出于经济或是经济/政治方面的综合考虑，一时间各种国际间的炮兵装备合作项目纷纷出笼，合纵连横好不热闹（单干显然没有合干划算）。而在这些合作项目中，尤以英德间的一个规模庞大的新型火炮合作计划最为引人注目。当然这并不是没有原因的。

首先来讲，英德之间之所以在这个时刻要互相靠近探讨共同"铸炮"问题，并不仅仅是因为国防资金短缺、单干没有合干划算，或者是在技术上取长补短之类的"浅层次"原

▲ 从1945年战争结束一直到1950年代末，作为一个国力的缩影，北约欧洲国家对炮兵建设的投入十分有限，北约欧洲国家师一级炮兵仍然以二战时的陈旧装备为主，美国军援的战争剩余物资是主力

---

[1] "长脚汤姆"M1A1 155mm榴弹炮在二战后统一采用M59编号。

因（当然这方面的原因不容忽视）。事实上，政治上的因素要比经济或技术层面的因素占有更多的分量（至少在初始阶段确是如此）。这与当时英法对于欧洲主导权的权力斗争有着分不开的关系，但这却造成德国成为英法两国争相拉拢的对象。

二战结束后，英法之间既有合作又有对抗，如果说1956年的苏伊士战争是两国合作的一个真实写照，那么这种微妙的政治关系在欧洲主导权的争夺上却变成了勾心斗角的的对抗，这场斗争中，德国成了一个关键。本来在1945年战争结束后的一段时间里，英法对德国的态度大体相同：法国从一开始就对德采取强硬的政策，要求彻底分裂德国，消灭德国有生力量来换取法国的安全，因为在法德近代史上三次兵戈之争中，法国深受德国之苦，两国的积怨颇深。第一次世界大战法国虽以战胜国出现，但由于其他几个资本主义大国之间的利益之争，使德国并没有真正受到惩罚，法国也没有得到多少好处。以致在第二次世界大战尚未结束之时，法国人（从戴高乐到平民百姓）就已经开始想着各种办法让这位恶邻永远不要再站起来；英国人对德国的态度也比法国人好不到哪里去，根据英国对自身在战后欧洲利益的基本判断，它所防范的对象只有德国与苏联，而尽管英苏两国在意识形态与社会制度上明显有别，但在英国对欧政策的考量中，英国对欧政策尚没

有明显表现出对苏联的敌意，于是按防范的程度来说，德国似乎比苏联占有更大的权重。也正因为如此，在1947年、1948年欧洲防务安全联合中，德国仍然是包括英法在内的西欧诸国防务安全实践的设防对象。不论是英法两国订立的《敦刻尔克条约》，还是西欧五国订立的《布鲁塞尔条约》，德国都被公开视为"潜在的侵略者"。前者明确提出，任何一国受到"来自德国采取的侵略政策或者来自旨在便利这种政策的德国行动"威胁时，"经彼此协商并在相应的场合与负有对德国采取行动责任的其他国家协商后，将采取一致行动制止这种威胁"。后者则隐晦地提出，"在布鲁塞尔条约中，德国被定义为一个条约所指向的潜在的敌人"。

不过，随着国际形势的剧烈变化，出于各自利益的考虑，特别是为了争夺欧洲的主导权，英法先后改变了对德态度，而在这方面英国曾经一度占了先手。在对德和解这个问题上，英国人比法国人更早意识到其重要性所在。战后，美苏凭借战时展示的雄厚实力与巨大声望一跃成为超级大国，而英国由于受大战的影响，实力下降，无法与美苏分庭抗礼，因此不得不在某种程度上依附于美国并寻求英美同盟的一致。在国际地位上，尽管英国仍为三大国之一，"但事实上英国对其他大国的地位发生了根本改变"。英国并不甘心丧失在国际事务中的主导权，所以主动调整外

M59 155mm "长脚汤姆" 榴弹炮

▲ 美制M114 155mm牵引式榴弹炮

交政策，以适应这种国际格局的变化。于是，丘吉尔著名的"三环外交"提出了战后英国对外政策的三块基石，即英联邦及英帝国、英美特殊关系以及联合的欧洲。在美苏两个超级大国的压力下，英国的欧洲政策从追求势力均衡转为号召欧洲联合，放弃了严厉制裁德国的主张。英国的世界眼光由此放得更加长远，它希望能够充当联合西欧的盟主，从而成为美苏之外的第三股力量。

　　然而，在充当联合西欧盟主的问题上，英国人很清楚地看到，法国人将是最为强有力的竞争对手，于是老谋深算的英国人很快意识到，作为一个倒下的巨人，如果能将德国这个潜力巨大的中欧大国趁机驯服，法国人的竞争也就不足为惧了。在这种情况下，英

国人开始贯彻某种对德新政策："我们对德国的长期政策不能仅仅是从阻止德国威胁复活的这个角度去考虑"，进言之，英国既要防范德国、避免使之再度威胁欧洲以及英国利益，又要尽快"将德国拉入由美国和英联邦所支持的西方民主体系中"，以充当英国登上欧洲盟主宝座的筹码和马前卒。因此，从1949年《北大西洋公约》订立伊始，在直接关系西欧防务安全的德国重新武装问题上，英国对德政策的指导方针发生转变，由防范德国、"限制武装"的政策向"部分武装"或"有限武装"政策发展，同时将帮助在德国恢复中等生活标准视为西方国家的利益所在，在经济上开始向西德输血。

　　然而，尽管英国人在对德和解问题上，

比法国人棋先一着，但后来居上的法国人却在如何"俘获"德国的套路上比英国人更为务实和有效。法国曾经是个大国，二战后沦为了三流国家，这是法国人无法接受的。为了重振雄风，法国同样强烈要求实现欧洲联合，以增强欧洲的力量，进而提高法国的威望。尽管欧洲的联合不是一件简单的事，因为法德存在许多矛盾，用百年世仇来形容并不过份（在战后初期法国主张肢解德国，建成像1871年以前那样松散的联邦，鲁尔地区由国际管理，萨尔地区在经济上与法国联系。不过法国的对德主张遭到决定德国民族命运和前途的美国及苏联的冷淡、抵制和反对），但要实现欧洲联合，进而复兴法国的大国地位，对德和解只能成为法国唯一的选择（不实现对德和解，法国主导下的欧洲联合就是一句空话）。再加上战后不久，在一种"本能"的驱使下，法国和德国两国的垄断资本几乎即刻就开始了相互渗透，从而使两国经济逐渐加深了相互间的依赖。

正是在上述因素的影响下，再加上要利用德国来加强法国在欧洲和世界上的地位的政治考虑，法国也在改变战后初期要肢解德国的立场，逐步采取了和解的政策。作为一个风向标，在1949年9月25日，戴高乐系统地论述了他的新见解："总有那么一天，在德国人民和法国人民之间有可能达成一种直接的、实际的协议。……将来会不会有一个欧洲，就要看日耳曼人和高卢人之间会不会直接达成协议"。并且一针见血地指出，"法德两国是西欧联合的基础，应该把法德的关系推向纵深方向的发展！"

有意思的是，与英国人军事牌为主，经济牌为辅的手段不同，法国人在驯服"德国"（西德）的问题上却更倾向于经济：一记漂亮的"舒曼计划"左勾拳几乎将英国人的算盘砸了个粉碎。法国外长舒曼是法国对德和解的积极倡导者，他建议一个欧洲煤钢共同体来管理法德的煤钢，进而消除法德间战争的根源，同时实现法国主导下，以法德为轴心的欧洲联合，这就是"舒曼计划"（考虑到法国的钢铁工业根本无法和德国进行竞争，而德国工业又在美国的支持下复苏和壮大，其后果是不堪设想的，为此他提出"使两国的钢铁工业联合起来，从而消除来自德国方面的威胁"）。该计划受到了西德等国家的欢迎。1951年4月18日，法、西德、意、荷兰、比利时、卢森堡六国签订了"煤钢联营集团条约"，建立六国煤钢共同市场，到了1952年7月25日，欧洲煤钢共同体正式成立。

令英国人不寒而栗的是，他们很快发现低估这个由法国人主导的"煤钢联营集团条约"是一个多么大的错误。这个看似完全是

▲ *1958年重新上台后，奉行戴高乐主义的法国与西德迅速接近，这让英国感到在欧洲主导权的问题上，有被彻底排斥掉的危机感*

经济性质的条约，不但使法德宿仇终于得到了根源性的初步化解，极大地促进了法国经济的恢复和发展，而且在短短的几年后就成为欧洲联合的一个牢固的政治基础——1957年3月25日，法国、联邦德国、意大利、荷兰、比利时和卢森堡6国在意大利首都罗马签署旨在建立欧洲经济共同体和欧洲原子能共同体的条约（又称《罗马条约》）。1958年1月1日，欧洲经济共同体和欧洲原子能共同体正式组建。显然，无论是欧洲经济共同体还是欧洲原子能共同体，在欧洲联合这个问题上的分量都是无可质疑的，然而在这一系列组合拳中，始终掌握主导权的却是法国人，英国人不但一败再败，甚至始终被排除在外：不列颠面临着孤立于欧洲大陆的可能性。

英国人自然不甘于欧洲联合的主导权就这样被法国人夺走，于是为了将西德从法国人手中夺回，进而重新在欧洲联合的问题上掌握主动，英国人决定开始反击，突破口则选在了如何对西德进行重新武装的问题上。在英国人看来，尽管法国人棋高一着，似乎用一个煤钢联营和欧洲经济共同体就将西德牢牢地拉拢，然而这样一个"法德轴心"却并不是没有间隙的，其软肋就在于法国对于西德重新武装问题上的强硬态度。法国人起初提议建立一支欧洲军，就像欧洲煤钢联营组织一样，以超国家合作方式实现西欧国家的军事联合，西德可以建立武装力量，武器装备由法国提供，但只能以团为建制加入欧洲军，且必须受到限制，而且西德不能加入北约。法国人这种政治上赤裸裸的歧视显然大大刺痛了西德方面的民族自尊心。

相比之下英国人的态度则令西德倍感"温馨"，针对法国人歧视性的欧洲军方案，英国人先是建议在西德建立一支武装警察部队，建立25000人规模的联邦德国中央警察部队，由联邦德国政府全面控制，由其分担一部分欧洲防务安全责任，这就是英国的"有限武装方案"（在英国人看来，重新武装后的西德可以有效制衡法国，保证英国在西欧防御安全实践中的主导地位）。而在1952年7月25日，由法国主导以法德为核心的欧洲煤钢共同体正式成立后，感到孤立主义威胁的英国人又迅速向西德方面掏出了一个"更有面子"的"艾登计划"，进一步博得了西德方面的好感——1954年9月，英国人按照其既定的逻辑，英国迅速提出西欧防务安全新构想，着力构筑并巩固大西洋防务安全体系，重新武装西德成为联结大西洋防务与西欧防务的纽带。该计划的特点在于，抛开欧洲防务共同体的超国家联合特性，将西欧防务体系立足于西欧主权国家联合，改变了布鲁塞尔条约组织的性质与职能，使之涵盖了联邦德国与意大利，同时也使北约的方案能得到全面贯彻执行（英国关于西欧防务安全建设方案的目标很明确，就是要确立西欧防务安全的新结构，凸现英国在其中的领导地位，并借助北约的框架来控制重新武装化的西德）。

▲ 英国关于西欧防务安全建设方案的目标很明确，就是要确立西欧防务安全的新结构，凸现英国在其中的领导地位，并借助北约的框架来控制重新武装化的西德

为了保证"艾登计划"能够顺利实施，英国主动向西欧国家承诺，保持其在欧洲现有的武装力量水平，即4个陆军师和第二战术空军联队（共计780架飞机），并使这支部队从属于北约盟军最高司令部。英国还特别提出，除非西欧各国一致同意，否则英国不会单方面撤出其驻西欧的武装力量。与《敦刻尔克条约》和《布鲁塞尔条约》相比，"艾登计划"使英国更大程度地承担起防御西欧安全的责任，包括对西德承担安全保护义务。与此前英国对德政策相比，英国这一新政策意味着全面提升西德的政治与军事地位。

在"艾登计划"中，西德完全获得主权国家地位，几乎可以与西欧各国平起平坐，它不仅将参加"布鲁塞尔条约组织"，还将成为北约成员国，并在其防务框架下实现重新武装。显然，"艾登计划"为西德作为一个独立的主权国家加入北约扫清了政治上的障碍，而西德方面自然心怀感激（英国重新武装西德政策为西德带来了某些现实利益，即恢复主权，

▲ 射击状态的FH70 155mm牵引式榴弹炮

从西方国家获得政治、经济以及军事支持，联合对抗苏联。该政策在一定程度上改变了西德的发展方向，不仅彻底排除了西德政治中立化的可能，而且还使西德永久性成为大西洋防务安全体系的重要组成部分，得以在大西洋防务安全体系下，在欧洲冷战实践中发挥作用），于是英国人的此举不但使法国在政治和军事上制约和控制西德的设想落空，而且还部分抵消掉了法国人主导的"煤钢联营"对英国人在政治上造成的不利影响，为从法国人手中将西德"夺回"赢得了不少分数，在武装德国的问题上，法国侧重于制，英国着眼于扶，法国立足于建立以法国为核心的欧洲安全防御，英国则竭力构筑以美英为主导的大西洋防务安全，显然在这个层面上，西德自然会对英国抱有更多的好感。

也正因为如此，当1958年欧洲经济共同体和欧洲原子能共同体正式组建后，法德两国随之越走越近的趋势愈发明朗（1958~1962年，戴高乐先后与西德总理阿登纳会晤15次，就两国关系和国际形势的许多问题达成了共识），至1962年年底，标志着法德全面和解的《法德友好合作条约》呼之欲出时，再次感到紧迫感的英国人又一次打起军事牌，加强英德间的军事合作也就成了一种必然。而对于英国的现实来说，在各种类型的军事合作中，联合进行某些关键性军事技术装备的研制，显然是比其他类型的军事合作更为有效的一种形式——通过坦克、火炮这类大宗关键性技术装备的联合研制，英国能够切切实实的强化英德间的军事政治联系。

而在另一方面，出于美国方面的影响，西德方面也对英国人伸出的橄榄枝并不排斥（要想让美国继续为西德实施军事建设，而不让西德自身的军事资源为欧洲防御做出贡献，这是

不可能的。在美国看来，在缺乏西德参与时，北约防御等于没有战略前沿，其防务只能是一句空话，所以如何最大程度利用西德的人力资源、经济资源以及军事工业成为大西洋防务安全建设的重要支柱，使之服务于大西洋防务安全建设，是美国人所最为关心的。

而从这一角度出发，美国人对英德而不是法德在军事上保持一种更为紧密的关系更感兴趣，毕竟在美国看来英国在欧洲防务政策上与美国基本趋于一致，而特立独行的戴高乐主义法国却无法真正承担起防御西欧的责任（戴高乐总统几乎很少表现出对美国的好感，而且他毫不掩饰自己的这种情绪），所以英德而不是法德构成的欧洲防务核心更为符合美国利益。于是，政治层面的原因为英国与德国，而不是英国与法国或是其他欧洲国家联合研制新一代炮兵装备奠定了一个坚实的基础，同时经济、技术原因乃至纯军事意义上的现实性需求，也的确使得英德联合研制

新一代现代化师级炮兵装备的计划充满了魅力，这一切决定了一个强强联合的炮兵装备更新计划不但能够成为现实，而且注定会开花结果。

## 北约第一次弹道协议的背后

出于复杂的政治目的，在与西德联合研制新型火炮的问题上，英国最初的想法是也把美国拉进来（美国方面也深感北约常规炮兵力量的薄弱），可美国的胃口更大，而且热衷于单干，对和欧洲盟国在此领域合作并没有太大的兴趣，但同样出于复杂的政治目的，美国人对英德双方的类似军事合作却持一种暧昧的支持态度，结果到了1962年10月在美国的默许下，英德双方得以正式坐在一起，开始就两国间联合研制师一级支援火炮的可行性进行探讨。不过，这个探讨在一开始就几乎陷入了僵局。

虽然英德双方在一些概念性原则上的观

◀ MK3 5.5英寸（140mm）榴弹炮无炮口制退器，配用螺式炮闩，反后坐装置装在炮身尾部。两个弹簧式平衡机直立安装在炮身两侧，开脚式大架由驻锄固定

▲ 西德装备的美制M44 155mm自行榴弹炮

点完全一致。比如在未来所面临的战争中，师一级炮兵武器应主要完成以下任务：1.与敌炮兵作战，压制和摧毁敌炮兵和火力点，为己方机械化步兵提供有力的火力支援；2.压制和阻止敌方装甲部队的进攻；3.压制和摧毁敌方反坦克和防空火力，为己方装甲部队进攻开路和保证己方实施空中火力支援；4.摧毁敌方指挥机构、通信枢纽、战术预备队和其他重要目标等。对新一代师级炮兵武器的基本要求是威力大、射速高和机动性好。

此外，还要求武器使用安全可靠和寿命长等等。并因此在新一代师级支援火炮抛弃105mm口径，采用140-160mm口径这一点上达成了模糊的共识，计划两国共同研制一种具备远射程和高射速性能的新型大口径榴弹炮，取代各自现有的MK3 5.5英寸（140mm）与美制M114 155mm两种主力牵引式榴弹炮。同时不排除将之作为未来北约制式火炮的可能，向其他北约国家出口。然而英德双方很快发现，在离开空洞的大原则后，他们对于具体

的口径、身管长度、药室容积、最大膛压、膛线缠度乃至弹药标准等等都有着各自不同的理解，几乎在每一点上都要争吵，谈判很快就难以为继了。

比如就口径问题而言，传统上英国和德国师级支援火炮口径标准分别是5.5英寸（140mm）和150mm，但由于战后重新武装的西德国防军接受了大量美国军援，155mm口径"被迫"成为西德师级支援火炮的新标准。在这种情况下，西德方面自然希望新一代师级支援火炮采用155mm口径，以便能够利用库存的大量美制155mm旧式弹药，并在战时能够得到来自美军的弹药后勤支援。然而英国方面却有自己的小算盘：由于库存量巨大的5.5英寸弹药，所以对155mm口径的态度含混不清（一旦决定采用某一口径而且有关的弹道计算结果确定以后，要改变这个口径，就会遇到可以理解的某些困难。即使不算老口径弹药在内的现有库存的投资量，单是考虑研制和生产一个不同口径弹药系统的成本也是不可行的。在对弹

药口径问题采取单方面行动之前，大多数国家总是需要考虑一下和盟国的标准化问题。很明显，要说服盟国理解为什么改变弹药口径是值得的这一点上，往往是很困难的)。

有意思的是，英德间的纷争其实只是一个缩影，反映出北约内部在炮兵建设问题上的混乱：火炮口径庞杂、弹药互不兼容，长期以来并没有一个统一的标准，即便是北约国家兴起新一轮炮兵装备更新热潮时也是如此。而这种混乱势必将严重影响到北约常规力量的未来发展。然而，有时混乱也意味着机会，面对北约盟国五花八门标准各异的新型火炮方案，美国人很早就意识到了这一点。尽管美国在火炮研发上并不在行，长期以来在此领域的投入较为有限，对与欧洲盟国联合研发新型火炮也不感兴趣，但如果能够借此混乱利用政治上的影响力向北约盟国施压，

在自己的主导下制定统一的相关标准，特别是在弹药的兼容性方面达成"永久性协议"，北约与美国自身都将在其中获得莫大好处。

一方面，在北约内部实现火炮通用化和标准化的意义是显而易见的。北约估计未来的欧洲战场弹药与油料的运输将占军需供应量的90%。如何力求武器品种简化，避免弹药供应复杂，显然是从战略考虑出发的一件大事。也正因为如此，美国人对于在北约新一代火炮的发展中，不但要求统一口径，而且特别希望在弹药方面实现最大程度的通用：新炮能使用老的弹丸，新发展的弹丸也尽量做到可在老炮上使用的建议能够得到北约盟国的广泛认同（这不仅能够大大减轻后勤压力，而且也有利于降低火炮的生产研发成本和装备使用费用）；另一方面，二战结束后，美国人向欧洲军援了大量155mm口径的M114、M44

▲ *23倍口径的M114 155mm牵引式榴弹炮是1950～1970年代北约国家的标准师级支援火炮*

牵引/自行榴弹炮，并且还在向英、法、德、意等盟国积极推销即将投产的M109 155mm自行榴弹炮，包括英德在内的大多数北约国家，其师一级炮兵装备实际上已经或是既将达到相当程度的"美械标准化"，美国人因此拥有了相当程度的话语权（美国人对炮兵装备并没有太大热情，但相比国力衰退的欧洲盟国，国力充沛的美国人在战后仍然搞出了一些性能尚算可以的大口径支援火炮，而欧洲在这个领域却整体上停滞了大约15年之久）。

于是继续在这个基础上搞北约火炮标准化，不但在政治上有利于巩固美国对于北约的领导权，在现实上也有很强的说服力。也正因为如此，尽管美国人对于北约火炮标准化的建议不无私心，但在现实层面和政治层面的双重压力下，北约国家还是不得不接受美国人的"调停"。于是到了1963年4月，旨在对下一代师级炮兵武器制定标准（研制1970年代和未来师级装备的火炮，用来替代1960年代及以前装备的火炮），由美英德意四国参与的一个"四国弹道会议"开始了（作为当时的北约防务骨干，法国人之所以缺席这个重要会议，原因是复杂的）。

▲ M114 155mm牵引榴弹炮，作为美援军事物资，大量流入北约国家

1958年12月，戴高乐当选为法兰西第五共和国第一任总统。戴高乐上台后，一改欧洲国家只能在美苏两强冷战夹缝中曲意逢迎的政策，执行了一系列强硬的外交政策。这些政策后来被称为"戴高乐主义"。"戴高乐主义"概括起来大体上为：维护民族独立，力争大国地位；对美既联盟又独立，对苏既坚定又对话，打破美苏两极格局，推动世界多极化；建立以法国为核心的"欧洲人的欧洲"；主动向中东、拉美等地出击；建立法国独立核力量，树立法国在世界事务中的大国形象等。戴高乐的这一系列政策让美国人感到如芒刺在背，尤其让他们不能接受的是，戴高乐政府坚持发展独立核力量（戴高乐总统之所以坚持发展核武器，有其国内的原因，但其主要目的是削弱英、美对欧洲的影响，并使苏联对法国的政策更难进行估算。法国的核理论家们不赞同麦克纳马拉关于法国核力量会破坏威慑稳定性的观点。法国反而是坚持说，它的核力量还可以弥补"灵活反应"战略造成的信誉差），还提出要在北大西洋联盟内与美英平起平坐，1962年6月法国政府提出耗资300多亿法郎的《军事装备计划法案》，其中60多亿法郎用来建立核打击力量，并在当年年底爆炸了法国第一颗原子弹，法国与美国关系因此陷入谷底。

由于欧洲和美国在此之前都已经作了大量前期工作，再加上美国的主导性影响是如此强势，因此"四国弹道会议"在口径问题上最先达成了一致，155mm口径顺理成章地成为北约师一级支援火炮的强制性标准。至此，英德间关于口径的争论可以告一段落。不过，仅仅统一了口径并不代表通用化标准化的目的便已大功告成。标准化通用化并不一定总是很成功的，而这个问题到了火炮上更会变得尤为复杂（为了提高武器的性能，专用部件总是比通

▲ M549A1火箭增程弹被确定为第39号基本军事要求标准弹

用件更合适，这就需要在标准的制定上，留有余地考虑发展。在什么情况下应该强调标准化通用化，在什么条件下不适宜这样做，需视具体情况通盘考虑并权衡利弊）。

首先来讲，北约国家于1960年代广泛装备的师级支援火炮，如155mm口径的M114或是5.5英寸口径的MK3，性能上最受诟病的地方在于射程：前者最大射程仅仅14.3千米，后者最大有效射程更是只有可怜的12.1千米。所以无论是英德还是其他北约国家（也包括美国），都将提高射程视为下一代师级炮兵装备要实现的首要目标。可以说增大火炮射程是1960年代初西方火炮设计人员面临的最重要任务，这种情况主要是基于两方面的因素考虑。从较浅的层面考虑，是为了摆脱由于历史原因造成的西方火炮在射程上跟苏联火炮相比普遍处于劣势的处境。大部分北约国家陆军都深深意识到在人力和装备上正在被对手从数量上超过。就炮兵领域而论，射程优

势将是扭转这一差距的最好途径。通过把火炮配置在敌人反击炮兵火力的射程之外，射程优势就可使炮兵力量得到保护；射程远还可以减少火炮重新部署的次数，特别是在前进或撤退过程中，另外，射程优势还有利于集中大量的武器于某一目标。

其次，从长远的也是更重要的方面考虑，在现代战争中，由于攻防正面加宽和纵深加大，部队的部署高度机动，必须具有较远的射程，才能增强武器的横向、纵深的火力支援和压制能力，获得火力优势并提高自身的生存力，夺取斗争的胜利。自火炮问世以来，人们就不断地设法增加其射程。要求增加射程的理由有些很明显，有些不很明显。

明显的理由是：射程越远，可攻击目标的范围也越大，而且还增加了集中更多火炮的火力去攻击某一特定目标的可能性。不明显的理由包括：对指挥员来说，火炮的射程越远，把自己的火炮部署在敌间瞄武器射程之外也就越容易，对自己火炮的机动性的要求也就越低。在部队前进或撤退的过程中，火炮射程远尤其重要。在前进或撤退阶段，炮火支援往往需要在更远的距离上进行，这就需要迅速地重新部署炮兵部队和装备。

由于火炮在运动中是不能使用的，因此减少火炮撤出战斗的时间的最佳方法是增加火炮射程。为了完成诸如对己方部队提供近距离支援一类的炮兵特定任务，每个国家都将致力于使自己火炮的射程超过对方。然而，增大火炮有效射程并非举手之劳，它受到口径、重量、结构、精度指标以及弹药种类等诸多因素的制约和影响。同时还要考虑增大射程的某些常规手段可能给火炮使用寿命带来的潜在威胁。

一般来说，在口径一定的情况下，制约

火炮射程和弹道性能的首要因素在于身管长度，M114 155mm口径榴弹炮的倍径比只有23，较短的身管就意味着较小炮膛工作容积，从而导致火炮发射药相对燃烧结束位置过分接近炮口，必然会引起部分发射药颗粒不能在膛内充分燃烧而是随弹丸和火药燃气一起冲出炮口。在这种情况下，不仅发射药能量不能得到充分利用，严重影响射程（M114最大射程只有14.3公里的原因正在于此），而且由于每次射击时未燃完的发射药量不可能完全一致，还会造成弹丸初速的较大分散。此外，发射药燃烧时不能在膛内充分膨胀做功还会产生强烈的炮口焰和较高的炮口压力，对瞄准镜等火炮上结构强度不高的设备和炮手造成严重损害，还为火炮后坐部分结构和炮口制退器的设计带来很大困难。

另一方面，在口径一定的情况下，药室容积也是影响火炮射程不可或缺的因素。显然，药室容积的大小直接影响到膛压和弹丸初速，而膛压和弹丸初速则与火炮射程和弹道性能有着密不可分的关系。一般来说，提升火炮射程就是增大药室和加长身管，然而身管长度和药室容积都不是可以无限增大的。增加身管长度，实质上是增加火药气体对弹丸做功的距离，使弹丸获得更多的能量，但身管过长会带来后座过大，制造工艺过于复杂等缺陷，而药室的增加更是会导致一连串严重的附带问题，如身管的烧蚀增大、身管寿命降低等。也正因为如此，"四国弹道会议"的主要目的就是要在保证新老弹药完全上下通用的大前提下，确定未来各国新一代155mm师级火炮火炮药室容积和身管长度这两个参数的最合理比值，并以此制定一个事实上的北约下一代火炮研发标准。

当政治层面的讨价还价不再是个问题后，这类会议实际上也就变成了弹道学领域的纯学术探讨（火炮的弹道设计首先是从外弹道设计开始的。设计人员依据火炮使用方提出，并经过可行性论证的技术指标根据外弹道学设计原理确定火炮的口径、弹丸形状及重量还有初速等参数作为起始条件，利用内弹道理论，选取适当的最大膛压、药室扩大系数（是一个反应药室直径和火炮口径比值大小的内弹道参量，药室扩大系数不能过大，否则会造成发射药燃烧初始阶段膛压变化的不稳定）以及火药品种，进而通过计算求得优化的装填条件（装药量、火药厚度等）和膛内构造诸元（药室容积、弹丸全行程长、药室长度、炮膛全长）。

这一过程结束之后，还要对优选方案作出正面问题的解，求出压力曲线和速度曲线，通过分析弹道曲线来评判该内弹道设计方案的优劣。最后这些曲线和内弹道设计出的构造诸元和装填条件就可以成为火炮进一步展开身管、炮架和弹药系统设计的依据，进而最终完成火炮武器的全部设计过程），于是经过4个月研究，美、英、德和意大利对将既研制的师一级火炮的弹道参数取得了一致意见，先是签署了"四国弹道协议"（也称"北

▲ FH70是第一种符合北约第39号基本军事要求标准的155mm牵引式榴弹炮

约第一次弹道谅解备忘录"），到1963年7月，北约四个主要国家又据此制定了第39号基本军事要求。

第39号基本军事要求规定了下一代155mm榴弹炮要以M549A1火箭增程榴弹为基准弹药（M549A1火箭增程弹长873.5毫米，弹重43.58千克，弹体采用高破片率钢，内装7.62公斤B型炸药，推进剂8千克。由于采用堆焊技术，带有闭气环，射程比普通弹大30%，比底凹弹大25%），采用39倍的身管，18.85升药室容积，20倍口径的膛线缠度，827米/秒的最大初速（8号装药）。发射标准榴弹时，射程24千米；发射8号装药的基准火箭增程榴弹时，射程30千米。值得注意的是，虽然第39号基本军事要求在名义上是一个约束，并不是唯一的硬性标准，实际可以上下浮动部分指标，只需保证北约内部155mm弹药能够达到通用就可以了，但就时代技术背景而言，"四国弹道协议"已经确定了在当时技术条件下，大口径压制火炮药室容积和身管长度这两个参数的最合理比值，以此确定的火炮初速和射程能够达到当时制式压制火炮的最佳内、外弹道性能。也正因为如此，"四国弹道协议"的达成，为英德间联合研制下一代师级支援火炮扫清了最大的障碍，于是世界火炮发展史上经典的一幕徐徐拉开了……

## FH70牵引式榴弹炮的关键技术特点

1963年的北约第39号基本军事要求（"四国弹道协议"，也称"北约第一次弹道谅解备忘录"）消除了英德间在联合研发火炮上的主要分歧，不过由于两国都预定在1965年前后接受大量美制M109A1 155mm自行火炮（英国自己的"阿帕特"105mm自行榴弹炮也在差不多

同一时间开始入役），这使得两国对于炮兵装备更新的紧迫感被大大舒缓了，于是在此后的几年中两国间对于联合研制新一代师级支援火炮的探讨变得更加深入细致，除了第39号基本军事要求这个核心标准，在更多的领域相继达成了广泛的一致（比如射速高、弹丸威力大、射击精度和火力密集度好等几方面）。

到了1968年年初英德双方共同确定了新炮的主要技术和战术特性：战斗全重不超过10吨，身管长度、药室容积、炮膛缠度和基准弹的炮口初速符合北约第39号基本军事要求所规定的弹道特性（在炮身设计过程中，必须以火炮装备的设计性能指标为出发点，通过内弹道设计手段，同时结合工程实践上的诸多因素，尽可能地选取符合最优内弹道设计方案的身管长度和药室容积，而北约第39号基本军事要求对此给出了时代条件下最完美的答案，指导意义相当重要），身管全装药寿命不低于2400发，最快反应速度不低于4秒，持续射速不低于6发/分钟，并拥有辅助动力系统以提供短途机动能力（同时为半自动辅助装填系统提供动力）。

1968年8月，英德双方正式确定合作意向，新一代师级牵引式支援火炮项目FH70正式上马。合同中规定，英国为项目的负责人，

▲ 英军于1964年开始列装"阿帕特"105mm自行榴弹炮

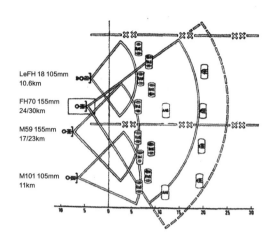

LeFH 18 105mm
10.6km

FH70 155mm
24/30km

M59 155mm
17/23km

M101 105mm
11km

▲ FH70与同期其他几种105mm牵引式榴弹炮射程比较

由维克斯造船工程有限公司为主承包方（承担工作量的56%，包括炮架、方向机、摇架、反后座装置、瞄准具支臂、高低机和部分弹药），西德方面的莱茵金属公司为技术合作伙伴（承担工作量的44%，包括炮管、装弹机、辅助推进装置和部分弹药）。有意思的是，这不是公司间的商业协议，而是政府协议。为保证项目顺利进行，协议还规定了退出条款，单方面退出将受到严厉罚款。

为此，英德双方在阐明有关联合发展新一代师级支援火炮装备的科研规划及政策时说："要突出重点保证急需，人力、物力和资源总是有限的，各种技术力量总不可能全部利用上。应当强调利用现有技术能力，着重发展和生产那些能提供最大战斗力并大大增强部队作战效率的基本武器系统。尽快完成部队近期急需的武器系统，提高质量降低成本，延长使用期限，扩大技术使用范围，发展花钱少而质量高的武器系统"。

此后，由于意大利方面也认为英德联合研制的FH70 155mm牵引式榴弹炮的主要技术特性和性能指标符合自己的需求，因此在经过一年多的考虑后，奥托.梅莱拉公司于1970年作为第三个合作伙伴参与进来，这样不但FH70成为英法德三国间的联合合作项目，具备了更为广泛的北约合作基础，而且研发工作量份额也发生了变化。英国维克斯造船工程有限公司仍然是领导者，但其承担的工作量由原先的56%调整为48%，主要负责炮架、方向机、榴弹及其发射药（1号和2号装药）；西德莱茵金属公司作为第二合作伙伴，承担的工作量由原先的44%调整为41%，主要负责身管、装弹机、辅助动力装置、烟幕弹、照明弹及其发射药（2号装药）；至于意大利奥托.梅莱拉公司则承担剩下的11%工作量，主要负责摇架、反后座装置、瞄准具支臂、高低机、高低齿孤、榴弹、烟幕弹、照明弹及其发射药（2号和3号装药）。

英德意三家的参研公司都是业内翘楚，在相当程度上代表了世界上的最高水准，再加上此前经历了相当长时间的方案论证和相关预研，因此当意大利于1970年加入后，整个FH70项目进展可谓异常顺利，截止到1973年已经拿出了11门样炮。然而，这门炮的真面目究竟如何？在结构设计和材料技术上拥有哪些不寻常的特点？这一切自然都是令人大感兴趣的所在。

## 身管材料与制造工艺

如果说炮身是起落部分乃至整门火炮的核心，那么身管则是这个核心中的核心。从技术规格上讲，由西德莱茵金属公司生产的这个身管，是严格按照符合北约第39号基本军事要求标准制造的——单筒自紧身管（单筒身管用整段锻件制成，没有任何被筒或衬管），口径155mm，身管长39倍径（炮膛长

6022mm或是38.82倍口径），药室容积18.85升，膛线等齐缠度20倍口径（膛线等齐式身管的特征是阴线相对于炮身轴线的斜度是个常数。炮身轴线是沿炮膛中心贯穿炮膛全长的一条假想线），8号装药基准弹炮口初速827米/秒，身管的前端装有一个双室侧孔反冲式炮口制退器，炮尾机构配用向下开闩的半自动立切式炮闩、击发机为电动机械式。

在这些枯燥的数字背后，却隐藏着不平凡。即便今天，或许有十几个国家已经能够生产飞机了，但能够生产出满足北约第39号基本军事要求标准火炮身管的国家却仍然不会超过5个，究其原因炮钢材料与复杂的生产工艺是一道切实的门槛，也是国家基础工业实力的浓缩体现（火炮的身管、炮尾和炮闩对炮钢都有类似的技术要求，但以身管的工作条件最为苛刻）。按北约第39号基本军事要求的技术性能规格，FH70的火炮身管要能够承受6000Bar基准膛压（理论值），这就对强度1300Mpa以上的炮钢提出了严格的要求。莱茵金属公司在试制过程中发现，当火炮膛压设定为6000Bar时（理论值），采用强度为800Mpa及1300Mpa的两种炮钢时，火炮身管壁厚系数差竟达70%。而若采用同一壁厚系数，则采用两种不同炮钢的155mm身管允许膛压差距竟高达70%。显然，高强度炮钢材料将对火炮的重量和体积有较大的影响。

另外，单纯的炮钢强度也只是问题的一个方面，FH70的需求规格说明书中，对身管的疲劳寿命有着高达2400发的严格要求，而根据以往研制大口径高膛压身管火炮的经验，高膛压火炮往往在发射一、二百发弹即出现初始裂纹，然后随炮钢的材质、工艺和设计结构为不同，以某一速度扩展。换句话说FH70这类高膛压大口径榴弹炮在使用寿命终

▲ 射击诸元装定中的*FH70牵引式榴弹炮*

了以前，有一段时间其身管必然是在发生裂纹后和裂纹扩展中使用的（在多数火炮的炮膛中都可以发现膛面上有密如蛛网的裂纹和龟裂现象。在目前通常使用的高膛压的作用下，龟裂会很快地扩展成较大的裂纹。这种疲劳性龟裂最终会在射击时造成身管的严重损坏）。显然这个问题有两个方面。其一是要预计在身管疲劳成为严重问题之前火炮能发射多少发炮弹。其二是确定哪种钢材的断裂韧度最佳和抑制疲劳裂纹生成速度的能力最佳，这就要求除了炮钢材料强度方面的要求外，FH70这类火炮的炮钢材料对展延性也有着非同一般的特别要求。

为此，莱茵金属公司在FH70身管的试制中，采用了品号为35CrNiMoV125的中碳镍铬钼钒系的低合金含量特种合金钢（合金元素的增加往往给炮钢的均质性和工艺性能带来负面影响。所以，在满足机械性能要求的条件下，尽可能采用低合金含量。经过大量的实弹试验，证明这种炮钢在达到6000Bar基准膛压的情况下，完全能够满足2400发8号装药的身管寿命（其屈服强度在1104——1241Mpa之间，断面收缩率>25%）。

要批量生产这种炮钢，所需要的生产工艺却极为复杂，莱茵金属公司为此试验了大量

新工艺和新设备，倾注了大量心血，最终也取得了丰硕的成果：在冶炼工艺上，试用了真空浇铸以保证钢锭的利用率和保证钢材的最终洁净度；在锻造工艺方面，为了防止晶粒度长大和晶粒大小不均的混晶现象，并提高生产效率，试用了旋转锻造方式；同样为了提高生产效率，在热处理方面，采用电子计算机控制的连续卧式热处理设备，连续进行奥氏体化和淬火、回火工序，并开始尝试以激光工艺对内膛进行感应加热表面淬火强化（一般来讲，经过调质热处理的工件还要进行感应加热表面淬火以使表面具有良好的耐磨性能。但是由于火炮身管结构的特殊性，身管内膛不易进行感应加热表面淬火，激光光淬火即可实现身管内膛表面的硬化。也就是从炮膛外激光器发出的高能密度激光束，经置于炮膛内的反射镜转向，快速照射到火炮身管内膛表面，从而使炮膛被照射处瞬间吸收光能并立即转化成热能，在温度的升降中内膛表面奥氏体M化，达到阻碍裂纹扩展的目的）……

▲ FH70 155mm牵引式榴弹炮炮闩结构特写

## 炮闩结构与刚性全可燃组合式发射药包

炮闩装置是一种闭锁炮膛药室的机械装置。它具有下述功能：承受火炮射击时发射药气体压力的向后推力和容纳击发机构。在后膛装填火炮中，炮闩还具有密闭火药气体的功能。在速射火炮中，炮闩还用于在药筒装填后抵拉药筒和在火炮射击后抽出药筒。在设计炮闩时必须使它能满足下述五个要求：在各种气候和作战条件下使用时，它必须作用可靠、经久耐用；它必须操作安全，特别是必须保证开关闩可靠——关闩不到位火炮不能发射，射击中不能突然开闩；其设计必须保证装填、退弹和发射迅速而简便；在满足上述各项要求的情况下，炮闩的构造应尽可能地简单；最后，炮

闩的设计还必须使其适于大量生产和易于更换部件。

也正因为如此，出于英德意三国对FH70的性能要求，特别是在半自动装填和射速方面的特别要求，西德莱茵金属公司从一开始就放弃了螺式炮闩结构，而选择了利于快速装填的半自动立楔式炮闩（使用立楔式炮闩还是横楔式炮闩取决于在火炮的整个高低射界内装填作业所需要的空间的大小。立楔式炮闩通常能为装填作业提供更大的活动范围，因为它活动的平面影响装填的机会比较少）。不过，考虑到现代自紧身管可以承受的内压会使药筒发生过度应变，致使金属药筒抽筒极其困难，特别是使用长药筒时会使抽筒问题更为突出，而抽筒困难将会大大降低发射速度。

出于这种考虑，英德意三方一致认为，要解决药筒抽筒问题时又要保留半自动立楔式炮闩利于快速射击的优点，同时又要有利于实现半自动装填，最好的办法是越过半可燃/全可燃刚性药筒阶段，直接用刚性全可燃组合式发射药包装药取代不可燃药筒或是软式发射药包（药筒分装式发射药最大的缺点是使用比较繁琐，虽然在发射药包外面增加刚性药筒有利于运输和存储，但是使用前人

工从药筒内增减药包的步骤对火炮射速的提升影响很大），通过简单组合就可以实现火炮全部标号的初速分级（1、2号装药使用减装药模块，3~6号装药使用基本装药模块，由于实现了装药的刚性化、模块化，可以和弹药自动装填机构相匹配，实现了高射速。单元模块之间具有互换性，简化了装药组合方式，方便了勤务管理）。然而这样一来，就必须用其他方法来解决紧塞问题。

结果这样一来，FH70的立楔式炮闩在技术结构上也就变得非常具有独创性：通过在闩体内放置一个衬垫并使衬垫与固定在药室端面上的金属环或金属垫密贴来提供适合刚性全可燃组合式发射药包装药的紧塞，而这种结构在FH70之前的所有火炮上都是独一无二的，算是开相关技术之先河。

## 辅助动力系统

辅助动力系统的采用可以说是FH70在设计上的最大亮点之一，实际上为牵引火炮安装APU辅助动力装置是在成本与机动性之间妥协的产物，要论机动性，牵引式火炮无论如何都无法与自行火炮相比，而安装了APU的牵引榴弹炮显然在机动性上要强于老式牵引火炮。牵引式榴弹炮安装APU其作用主要体现在自主进出阵地、恶劣地形的通过和应急情况下。安装了APU辅助动力装置的牵引式榴弹炮可以依靠APU进行短距离机动，占领和撤出开火阵地，以缩短行军与战斗转换的时间（如果没有APU就只能通过炮手的体力来完成这项作业）。此外，在行军通过难行地段时，也可起动APU以弥补火炮牵引车牵引力的不足。APU辅助动力装置还能为放落发射支座、打开大架等动作提供动力。

由于FH70从一开始就将APU作为整体设计的一部分被考虑在内，因此获得了上述性能上的极大收益。首先来讲，辅助动力系统是作为火炮辅助推进装置来使用的（所谓火炮辅助推进装置，是指火炮离开牵引车（汽车）后，能使火炮本身独立地进行短途行驶（远距离行驶仍需靠汽车牵引），并能实现火炮操作自动化的一种推进装置，由发动机、传动、行走和操纵等部分组成）。其实用意义在于提高火炮自身的生存能力。

现代战争要求火炮具有高度的战场机动性能，而传统的牵引式大口径火炮在战场机动性方面一般存在以下两个问题：一、进入和撤出阵地困难，转移时间长；二、战场机动性受到较大的限制。在现代战争中，要求火炮尽可能经常地和快速可变化发射阵地。而一般用汽车牵引行驶的火炮，其最大弱点就是战术机动性差，进出和转移阵地性当困难。牵引式火炮进入发射阵地时，由于地形限制，轮式牵引车在大多数情况下都不能将火炮拉到预定的位置，一般采取摘钩后由士兵推拉到所需位置。这样不仅士兵体力消耗大、所需人数多，而且速度慢。

▲ 在M114基础上改装辅助动力推进装置的*XM123 155mm 榴弹炮*

▲ 自行推进状态的FH70 155mm牵引式榴弹炮

　　由于侦察技术的高度发展，敌方炮火的反击速度非常快，因此要求火炮能有较快的发射速度。这样就必须在敌炮火反击之前能发射足够量的炮弹，完成压制任务后迅速撤出阵地，转移到新阵地进行发射，提高自身生存能力，由此要求火炮能在3～5分钟内撤出阵地。但由于牵引火炮的车和炮不在一起，牵引车至阵地需有一段机动时间，加之操作笨重、转换时间较长，一般单炮撤出需要10～15分钟，难以满足要求。如采用辅助推进装置，火炮本身即可进行短途机动，这就解决了人力推炮的困难，同时缩短了转移时间，使之基本满足快速进入和撤出阵地的要求、提高了自身生存的能力（使火炮经常转移长期来就是一种使间瞄武器得到生存的办法，反击炮

兵火力的摧毁能力越来越具有危险性，间瞄武器在一个阵地作战时间越长，它被摧毁的危险性也越大。因此，快速的转移能力将显得越来越重要）。

　　也正因为如此，装有辅助推进装置的FH70，在进行阵地机动时，则显示了它的优越性，较好地解决了牵引式火炮的阵地机动问题：不用汽车开进阵地，也不用完成挂炮上车等项操作，一旦完成射击任务，即可利用火炮本身的短途自行能力，迅速转移到新的阵地上去，以便继续为部队提供及时有效的火力支援，极大地提高了火炮自身的生存能力。同时还应该看到的是，传统的大口径火炮进行牵引机动时，车、炮重达数十吨，通过简易公路的桥梁受到限制，通过泥

▲ 自行推进状态的*FH70 155mm*牵引式榴弹炮

泞沙地等松软地面时容易陷车，因此使火炮的活动范围受限，降低了机动速度。而且大口径牵引火炮在狭窄地带实现急转弯比较困难，如通过村庄，在急转弯处往往需人力推炮，这样耽误时间较多、对机动速度影响较大。牵引火炮爬坡能力较低，有些陡坡无法通过，需要绕行，大大增加了行军时间，从而降低了机动性。而采用辅助推进装置后，车、炮可分开通行，减轻了桥梁的负荷并降低了急转弯的时间。通过泥泞、沙地和陡坡时，可将炮轮亦变为驱动轮，作为牵引的助推力，由此提高了火炮的通过能力。另外，辅助动力系统满足了传统牵引式火炮在瞄准、供弹、和火炮放列等方面的自动化或是半自动化要求，因此对于提高作战效能的意义也是非同小可的。

此外，英德意三国特别强调榴弹炮的前20秒的射速，认为战场上80%的伤亡是由前10秒～15秒的急速射造成的，此后就失去了射击的突然性，目标也会采取疏散隐蔽的措施（如英国人就认为炮兵射击的突然性非常重要，85%有生力量在头15秒内被杀伤，以后就隐蔽起来，因此强调高速射击）。然而，传统的牵引式大口径牵引式火炮由于操作笨重，缺乏放列和装填方面的机械化辅助手段，严重影响了反应能力和发射速度的提高（传统的155毫米牵引加榴炮全炮质量达10吨，弹丸质量达40公斤以上，纯人工的方式使得行军战斗转换和弹丸装填操作的工作强度太大，直接影响到火炮反应速度的提高）。

也正因为如此，在FH70的设计中特意采用了以辅助动力系统驱动的半自动装填系统来实现这一设计意图，以达到8～10发/分钟的高射速（该炮的液压装置系统由液压输弹机、液压弹丸起动机和装弹台等构成。由于采用了由辅助动力装置驱动的液压装填系统，使该炮具有很高的射速和较好的射击度。该炮连续射击20分钟的持续射速为6发/分钟，短时间内的爆发射速则可高达恐怖的3发/8秒）。此外，采用辅助推进装置后，由于有了动力源，FH70的摘挂炮、开并架、起落火炮等操作也实现了机械化或半机械化，极大的提高了反应速度。

总体来说，FH70的辅助动力系统共有三项功能：一是驱动火炮短途自行；二是在汽车牵引火炮行驶中，实现车-炮的串联驱动；三是以辅助推进装置发动机为动力源，实现瞄准、弹药装填和火炮放等项操作的自动化。显然辅助动力系统的采用不但提高了火炮的机动性和操作轻便性，而且对提高火炮反应能力和发射速度有着较明显的效果，缩小了与自行火炮在战术性能上的差距。

快反能力通常是指火炮系统从开始探测目标到对目标实施射击全过程的迅速性能，以"反应时间"（reaction time）表示，单位以"秒"计。有时反应时间仅指火力控制系统的反应能力，即从操作员探测目标（或地面炮兵的前沿观察员发出火力呼唤开始）到火力系统收到射击诸元间所用的时间。反应能力是衡量火炮系统综合性能的一个指标，现代战场由于存在大量快速目标和进攻性武器，且侦察手段和火力控制系统不断精确完善。这样就使得反应慢的一方处于被动挨打的局面，反应快的就能避开对方袭击而充分发挥炮兵的火力作用）。

## 射击指挥系统

早在1950年代末，面对与华约炮兵在数量和质量上的双重差距，北约各国就意识到要来提高现有和未来炮兵装备的作战效能，应该是对整个炮兵各个环节统统改进以适应未来战争的需要。这里除了火炮、弹药武器本身以外，还包括通讯、测地、目标搜索、射击指挥、气象测定、诸元处理、后勤补给和战术编成等各个部分。要很好发挥炮兵效能必须使目标搜索探测、数据处理、火炮弹药、射击技术协调一致。这里不是哪一项起主要作用，而是最薄弱的环节代表了整个炮兵的效能。

改善最薄弱的环节，就代表了炮兵整体效能的提升。而要使一种新型炮兵装备具有更高的精度、更快的反应时间和更高的首发命中率，并且在作战指挥上能够根据不同情况制定出最佳方案，加快作战部署效率，就必须采用某种在火力、侦测和指挥单元间之间能够相互交流数据的指挥控制和射击指挥系统（接收观察所和被支援分队的火力请求，按观察所的优先级、目标重要程度或到达的先后顺序进行处理，提供射击指挥方案，计算射击诸元，并进行测地、气象等数据的处理）。

从设计伊始，FH70便考虑到要与北约各国现有及未来炮兵射击指挥系统相兼容，因而留有相应的标准接口成为其技术上的一大特色（各炮配有火炮诸元显示器和数据传输装置，利用数据通信装置，能将诸元传输、显示到各炮）。具体来说，FH70可以与美国的"塔克法"、英国的"菲斯"、西德的"法克尔"射击指挥系统相交连，并具备向上扩展的能力，构成从连、营到炮兵群规模的一个将指挥和控制、侦察和目标捕获以及摧毁目标等功能集于一身的综合系统。

▲ 操炮中的*FH70 155mm*牵引式榴 弹炮

美国是最先研制和最先装备地炮射击指挥计算机的国家。它研制了多种这样的计算机，既有综合性的大型数字计算机，又有小型和微型的数字计算机。美国在1956年提出"野战炮兵自动数字计算机"即"法达克"的设计方案，于1959年制成第一部样机，1966年开始大量装备美陆军炮兵营、连两级。为进一步提高自动化程度、提高射击精度和缩短火炮射击准备时间，美陆军将已装备的"法达克"地炮计算机与激光测巨机、炮位侦察雷达、初速测定雷达等侦察仪器配合使用，组成自动化的野战炮兵射击指挥系统。

英国的"菲斯"系统于1969年首批76部装备英国陆军。该系统可指挥三个八门制的炮兵连，适用于105毫米自行（或牵引）火炮、155毫米和175毫米自行火炮和火箭，可进行弹道计算和测地及气象计算。该系统由六部分组成：MCS92OB型电子数字计算机，火炮初速测定雷达，陀螺经纬仪，位置测量系统，"埃米茨"炮兵气象数据测量系统和火炮射击诸元传输系统。整个系统射击指挥中心的全套设备安装在英制"路虎"吉普车上或FV432及FV610型装甲指挥车上。

西德的"法尔克"系统于1969年研制成功，大量生产并装备部队。该系统装备到营一级。该系统中采用五部相同的计算机，分别完成光测、声测、气象、火炮射击指挥及炮兵连坐标等五个方面的算，以综合求出敌方炮位和指挥己方火炮射击。"法尔克"系统计算机的程序设计，除了包括目标坐标、发射阵地坐标、观察所坐标、气象信息及炮兵连射击性能数据的初速、药温等的存储程序外，还包括射击指挥程序。该系统的特点是采用电传打字机作为输入装置，在操作手和计算机之间有换算装置，以便在训练时能迅速掌握操作方法。虽然需要操作手在准确的时间内输入数据，但可通过指示器及时发现输入的差错。全部换算都用电传打字机打印出来。

## 配套弹药

作为第一批根据北约第39号基本军事要求（即"四国弹道协议"也称"北约第一次弹道谅解备忘录"）设计制造的北约标准型火炮，理论上以8号装药的美国M549A1火箭增程弹为基准弹的FH70，能够发射之前和之后所有符合这一标准的北约新/旧155mm弹药，如美国为其XM198式155mm牵引式榴弹炮研发或配用的一系列弹药，包括M107榴弹、M795榴弹、M549A1火箭增程弹、M449杀伤子母弹、M483A1反装甲杀伤子母弹、M864底部排气子母弹、M712"铜斑蛇"激光制导炮弹、M692/M731反步兵布雷弹、M718/M741反坦克布雷弹、M454核炮弹、M825黄磷发烟弹、M110系列黄磷发烟弹、M116系列发烟弹、M485系列照明弹、M118系列照明弹、M110芥子化学弹、M121 VX和沙林弹、M631催泪弹和M687二元化学弹。还可发射M785核炮弹和M694E1遥控振动与声响传感器炮弹。上述弹药使用M119A1（7号装药）、M203（8号装药）和M211小号发射药装药。弹药配用M78、M557和M739弹头触发引信；M514、M728和M732近炸引信；M501、M520、M548、M564和M577机械时间瞬发引信以及M565机械时间引信。

然而为了更好地发挥FH70的战斗效能，英德意三国还是为FH70研制了一系列主要由L15A1榴弹、DM105烟幕弹和DM106照明弹等弹种构成的新型弹药。L15A1榴弹制有底凹（这种弹尾部是凹陷进去的，尾部的凹陷达0.5倍弹径，起激波板的作用，高速气流流过尾部会产生激波，吹散部分脱体涡，减少头尾的高

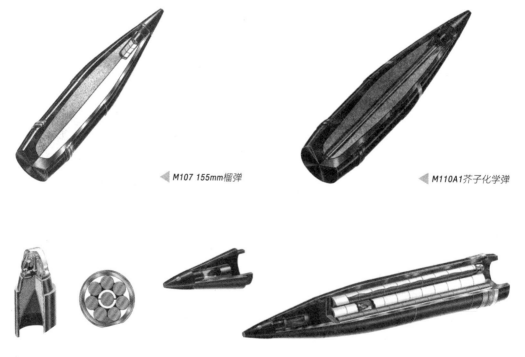

◀ *M107 155mm榴弹*

◀ *M110A1芥子化学弹*

▲ *M481A1反装甲杀伤子母弹*

低压差, 继而大大增加射程, 理论上可以提升射程20%左右), 弹带较宽, 弹体壁较薄, 内装B炸药, 具有高破片率效应, 能给目标以最大的杀伤效果。弹丸重43.5公斤, 含炸药11.3公斤炸药, 杀伤半径约比M107榴弹大一倍。

DM105发烟弹内装4个发烟罐, 采用六氯乙烷发烟剂, 由双用途引信点燃, 抛射高度约200米, 可在20~30秒后形成最大烟幕效应, 烟幕持续时间最短为4分钟, 烟幕高度约200米, 使用全装药发射时, 射程24000米。

DM106照明弹抛射高度为500~800米, 照明剂点火时间约1秒, 照明高度500~800米, 照明直径800米, 发光强度为200万烛光, 最短燃烧时间约为60秒, 照明炬最大下降速度5米/秒。用全装药发射时, 射程达24000米。远程弹采用基准的美国M549A1火箭增程弹, 射程达30000米。

至于发射药则采用三基发射药, 分为3种药包, 8个装药号: L7A1 (1~2装药)、L8A1 (3~7号装药)、L9A1 (8号装药)。使用1号装药和8号装药时, 初速分别为213米/秒和827米/秒。1~5号装药, 6号装药和7~8号装药的当量全装药系数 (炮管烧蚀系数) 分别为0.25、0.5和1。使用8号装药时, 身管寿命为2500发, 最大可达到3000~3500发。三个装药系统的点火药均相同, 3号药包内装有消焰剂, 5、6、7号药包内加有铅箔作除铜剂。同时还需要指出的是, 根据对射程和飞行时间的要求, 英国维克斯造船和工程有限公司为上述弹药研制了一种新型的双作用引信。这种引信的特点在于, 所有装药范围内, 在所要求的每一个弹道点上都能使弹丸起爆或点燃抛射药。这种新式双作用引信有两种型号, 即L15A1式榴弹用的DM143起爆引信和照明弹及烟幕弹用的DM153点火引信。

值得注意的是, 增大膛压提高初速对火炮带来突出的问题是因裂纹和烧蚀导致的炮管寿命缩短。但在裂纹扩展和烧蚀两个问题中, 烧蚀才是导致身管报废的最主要因素 (由高温、高压发射药气体造成的磨损称为烧蚀)。烧蚀常常是局部性的, 在这种情况下烧蚀被称为烧痕。在身管的有缺陷处, 烧痕就会出现并会很快扩展。在弹带和膛线之间密封不严的地方, 也会出现烧痕。还有一种烧蚀叫环形烧蚀, 环形烧蚀表现为在速射火炮药室中的药筒前沿处身管局部的圆形扩展。由弹丸与炮膛表面摩擦形成的磨损叫磨蚀。磨蚀将会逐渐磨掉炮膛表面的金属, 阳线上使弹带旋转一端的机械摩擦将逐渐把阳线磨圆。用改变弹药设计、减少膛内摩擦的方法可以防止磨蚀。

▲ 等待装填的*L15A1*底凹榴弹

烧蚀是最严重的一种膛内磨损，特别是对射程远、射速高的火炮来说更是如此。炮钢随强度的提高和自紧度的提高，耐烧蚀性能下降。这种现象是难以靠改变炮钢本身某些性能所能解决的。当高强度炮钢疲劳性能得到最优化以后，烧蚀问题则成为火炮寿命的决定因素。火炮烧蚀是兵器科研中的重大科研课题，虽与高强度炮钢有关联，但不属炮钢研究内容。虽然FH70采用的电渣重熔钢，屈服强度达127公斤/毫米，提高了炮钢的横向韧性并使炮管热裂纹倾向发展缓慢，以内膛镀铬工艺增加实用强度和提高疲劳寿命及热耐磨性，但研制新型发射药或是改进发射药成份，降低发射药烧蚀程度同样是必不可少的手段（延缓炮钢烧蚀的措施主要是在内膛表面加覆盖膜层并在发射药中加入缓烧蚀添加剂或是研制全新的低温高能发射药）。

也正因如此，为了减轻身管烧蚀问题，提高身管使用寿命，德国莱茵金属公司攻关了的低成本的内膛致密镀铬工艺，这种工艺简单来说就是通过将一种线爆喷涂组件装置放置在炮膛内，该组件支撑在身管内膛表面

上，组件每一端有一个主电极，由涂层物质制备的金属丝可以在电极之间延伸。在电极组件中，其中一端的主电极由绝缘体包围，外侧支撑在炮膛内表面。由涂层物质制备的金属丝穿过该电极缠绕在一个线轴上，当电极组件在身管内移动时，涂覆身管不同区域，最终完成对整个身管内膛的涂覆。开关合上时，电容器内的电流沿导线、电刷、电极通过涂层金属丝，使其气化。通过这种工艺，既可减少贵重金属用量，降低生产成本，简化生产工艺，又能达到延长身管寿命之目的。

此外，英国皇家军械发展局（RARDE）还研制了一种被称为BIS14的杆状低温发射药，以取代传统上的粒状发射药。这种BIS14杆状低温发射药的技术特点在于，以对多孔杆状发射药进行横向切口的方法解决其侵蚀燃烧问题，使之兼有高装填密度和高燃烧渐增性的特点，达到减轻身管烧蚀程度，提高身管使用寿命的目的，同时由于BIS14发射药作功效率较高，如果使用该发射药发射155mm远程全膛底部排气弹，射程可达31500米。

## 整体结构与操炮方式

大体来说，FH70榴弹炮可以分解为三大部分：包括炮身、装填装置、摇架在内的起落部分（重4150kg）；包括坐盘、上架、辅助推进装置、悬挂装置、大架、炮轮在内的炮架部分（重2980kg）；以及备有直接瞄准和间接瞄准两种方式的瞄准装置部分。起落部分包括炮管、装弹机和带反后座装置的摇架。炮管口径为155mm，炮膛长6022mm（38.85倍径），炮管长39倍口径，标准膛压4400Mpa（理论膛压6600Mpa），装有高效率的双侧室炮口制退器，最大后座距离1400mm时，反后座装置承受的阻力为27800牛顿，而最大仰角时反后座

▲ 由于北约2次弹道协议，2000年出现的XM982系列增程制导弹药，仍然能够在1970年代的FH70上使用

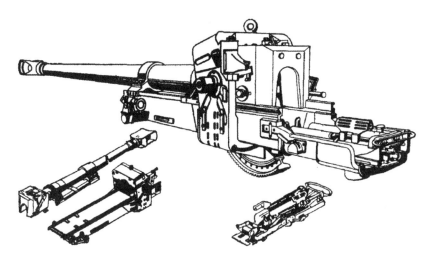

▲ FH70 155mm牵引式榴弹炮炮身起落部分

装置承受的阻力则为39270牛顿。

需要指出的是，牵引火炮除反后坐装置和瞄准系统最易毁伤外，一般还是比较坚固的，然而在易损部件中反后坐装置的问题最大，原因在于该装置损坏后不易更换。也正因为如此，FH70的设计中特意将反后座装置置于炮身下方，以提供一定的防护。炮闩包括一个半自动楔式闩体、垂直向上开闩，可容纳11个点火管的自动装填器、点火管退壳器和紧急击发机构。摇架装有带滑轨的炮管和反后座装置（带高角后座调整器的驻退机和复进机），并与一个电动液压传动方向机（方向射界左右478密位）和两个电动液压传动高低机

（高低射界−90～+1250密位）相联：一个概略瞄准高低机，供炮身快速俯仰用；一个精确瞄准高低机，供最后的精确瞄准用（由于拥有辅助动力系统，电动或是电动液压传动高低/方向机是解决大口径火炮装填和瞄准问题以达到高射速的最好手段）。半自动装弹机构装在摇架后部，靠后坐能量驱动，在任何射角和方位角下均可工作。

由于该炮以电液驱动方式进行高低和方向瞄准，因此没有一般火炮所采用的高低轨机械传动装置，以及高低轨和方向机手轮，而是靠瞄准手座位处的两个操纵手柄；一个用于操纵火炮方向转动。当火炮射击时，起落部分

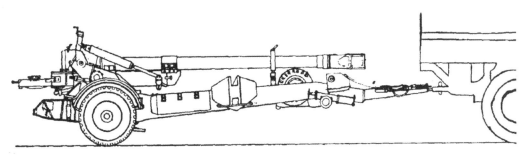

▲ 行军牵引状态的FH70 155mm牵引式榴弹炮

用液压闭锁。在瞄准手座位的前方装有一套电子自动瞄准装置（它支撑在与摇架耳轴相连接的支臂上，瞄准具支臂和支座装有给瞄准具提供高低和方向情报的发送器），由控制显示器（用来显示炮兵连指挥所所提供的方向和高低角情报）、潜望式周视间瞄镜和直瞄镜组成（均由西德的蔡兹维兹勒公司生产）。

直瞄镜与一般测试瞄准镜相类似，6倍放大率并能随炮管升高到仰角270密位，刻有距离和求提前量的弹道分划。间接瞄准具则有自动和手动两种工作方式，4倍放大率并同样刻有相应的分划（瞄准镜分划由放射性光源照明。瞄准镜配有编码盘，用来测定火炮的方位和高低角，所测数据由电子传感器传送到火炮数据显示器上）。

不过值得注意的是，这套瞄准装置本身只能修正耳轴倾斜偏差，偏流和初速偏差修正量则需要单独计算，然后加到瞄准装置的装定诸元上去（不使用补偿和校准瞄准装置的原因一方面是因为这两种瞄准装置价格昂贵、结构复杂而且体积较大。另一方面，也是更重要的原因则在于射击指挥自动化系统的使用简化了射击修正量的计算）。主要的击发机构是机械式的（通过击针撞击底火底部来使底火发火并引燃发射装药），它支承在

摇架的一个耳轴上，与高低角无关。装弹机为半自动的，它在各种高低角和方向角下均能工作。装弹槽在炮尾环后面，与炮弹成一直线。

至于FH70的炮架部分则是用来安装起落部分并支撑辅助推进装置，则采用轻型结构，包括上架、下架、大架、自动埋入的驻锄和大架轮子。大架轮子可用液压装置升起和放下，炮架的另一部件是底盘和辅助推进装置。辅助推进装置重1980kg，由功率52.2kW的VW127式4冲程4缸风冷发动机（即大众甲壳虫发动机），变速齿轮箱和带离合器的差速器组成，装在下架前部的矩形框架内辅助推进装置装在一个间隔构架内，该间隔构架与炮架下架相连接，为FH70的液压装置提供动力，使主要轮子和大架轮子转动，抬起和放下，并使火炮从牵引车上卸下时能够迅速进入战斗状态。当需要重新放列火炮时，用液压装置放下大架轮子，从地面拔出驻锄，从而使整个过程加快，而不必使用任何人力。当火炮进入和撤出战斗时，还可用辅助推进装置打开和收拢大架。主轮装有液压悬挂装置和液压驱动制动器。该制动器可由辅助推进装置的驾驶员位置或从牵引车上来操作。大架轮子装在大架尾端，可向上或向下转动。此动作可由辅助推进装置的驾驶员位置上操作

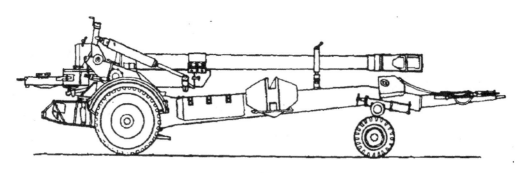

▲ 自推进状态的FH70 155mm牵引式榴弹炮

液压装置来完成，还可在大架打开和收拢时来完成。该炮的炮身调头装置是一个液压千斤顶和快速解脱器。使用时，先用液压千斤顶将火炮顶起，然后拆下快速解脱器，取下右炮车轮，拔去方向机驻栓，将炮身调转，并闭锁在大架上，最后再装上右炮车轮行军状态，FH70炮管可向后转动180度后用夹紧装置固定在大架上。此时，火炮的整个长度减小到9.8米，可用C-130级别的中型运输机运输，同时由于战斗全重仅仅9300千克（FH70使用了英国FV520高强度半马氏体时效钢焊接而成的轻型炮架，与第二次世界大战时相比，同等效能火炮的重量约减轻了60％），也可由CH-47或是CH-53级别的重型直升机进行吊运。

值得注意的是，与此前大多数火炮的炮架都不带悬挂装置，仅使用充气轮胎来提高火炮在牵引中平稳前进的能力的设计不同，为了便于牵引火炮，FH70的炮架装有带扭簧和减震器的拖臂悬挂装置，以提高公路和越野牵引速度。由于转向装置能向两侧转动60度，当大架打开时，转向轮也可转动90度，这样FH70的转向半径仅为9米，因此当射界已无法满足瞄准目标的需求时，可以很方便在辅助动力系统的帮助下地对火炮位置进行移动，重新进行放列调整。

上述这些特点大大地简化了炮手的工作，这对于那些不用任何机械装置而用手操作

重型火炮的炮手说来是非常受欢迎的（如果辅助推进装置由于某种原因不能使用时，可用手泵来完成辅助推进装置的所有液压作用。具体来说为防止因发动机故障而影响火炮射击，该炮备有两个液压手摇泵，一个用于瞄准和供弹，一个用于操作架尾支撑轮。当发动机因故障不能工作时，可用手摇泵向液压系统提供液压动力，夜间操作火炮时，为了不发出响声，也可使用手摇泵而不启动发动机）。此外，大架驻锄自动埋入地下的设计也使炮手能更迅速地放列火炮——当驻锄固定到位时，只用一发炮弹的后座力即能将驻锄埋入地下。这样，进一步提高了射击时的稳定性，采用这种方法也可省去全部地面的准备工作。

火炮准备射击时，炮手用手打开炮闩，装进第一发炮弹和发射药并将第二发炮弹放在输弹槽上。关上炮闩，点火管即由装填器自动装入，火炮即可准备击发。炮手拉动击发杆，以后所有操作程序即变为半自动方式（除必须重新调整火炮的瞄准外）。射击时，由于炮弹运动所产生的后座力被反后座装置（液压减震器位于炮管任何一边）和炮口制退器所吸收，炮管在摇架滑轨上后座距离为1400mm。

当炮管后座离开发射位置时，炮闩由于凸轮作用而自动打开，点火管被抛出，第二发炮弹被升到炮尾位置并与药室对准，以便最后用手将炮弹推入药室内（所有上述动作是

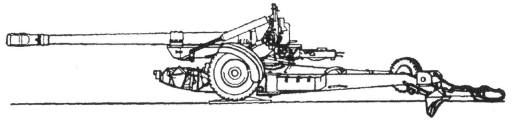

▲ 放列状态的 FH70 155mm 牵引式榴弹炮（侧视图）

半自动的）。当炮手将炮弹和发射药装入后，再将下一发炮弹置于输弹槽上，使其靠近炮尾，必要时需重新进行瞄准调整，然后再击发火炮。

高低机和方向机装有反向的闭锁装置，用来防止射击时所产生的力传给瞄准手的手轮上。其上的滑动离合器用来防止机构不受射击时的冲击发生损坏。炮手若想瞄准方向射界在478密位以外的目标，需起动辅助推进装置的发动机，并用辅助推进装置驾驶员位置上的控制装置放下大架的轮子，拔出驻锄，然后将大架轮子转动90度，收拢大架，此时即可将火炮移动到新的位置上。

由于该炮实现了火炮操作的半自动化，不仅缩短了行军战斗转换时间，而且也大大提高减轻了炮手的劳动强度。也正因为如此该炮通常仅配用6名炮手（1名炮长，1名瞄准手兼辅助推进装置驾驶员，1名弹丸起动机操作手，1名装填手和2名弹药手），必要时只需4名炮手就能操作火炮进行射击，相比之下，同时期研制的美国M198式155mm榴弹炮，虽然战斗全重只有7.17吨，但由于没有实现火炮操作自动化，炮手班人数多达11人，两者相差近1倍，也从一个侧面反映了FH70在操作使用上的效率之高。

总体来说，由于采用了诸多先进技术，FH70不但在内外道弹性能的优化上下了大功夫，而且在结构设计上既力求实用稳妥，又讲究人机工效和操炮效率。这使FH70拥有几个突出的优点：精度好、射速高、射程远、操炮简便，不但将西方国家1960年代之前装备的老式火炮远远抛在了身后，也对苏制火炮形成了一些性能上的优势。

事实上，当FH70样炮于1973年开始定型测试时，此前没有任何一种火炮（既包括北约也包括华约）能获得FH70这样好的精度：在直接瞄准射击和间接瞄准射击时精度均相同。至于精度好的原因很多，但其中最主要的当然是采用了融入炮控指挥系统的瞄准装置和专为该炮研制的新型弹药。

超高的射速则是FH70另一个引人注目的焦点所在。由于拥有辅助动力系统驱动的半自动装填系统，仅仅6人的炮组就能让这门155mm榴弹炮以一种令人惊异的速度发射：3发/13秒的急速射或是每分钟6发的稳定速射（不过在1980年10月13日，当FH70在西德翁特路斯的莱茵金属公司向西德联邦军展出

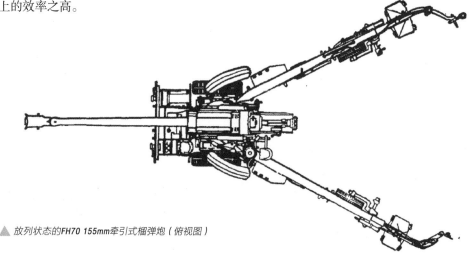

▲ 放列状态的FH70 155mm牵引式榴弹炮（俯视图）

时，实际射击表明，该炮的实际射速要比理论值还好，半自动装弹机的性能超过预期，试验场上的FH70发挥出了3发/8秒的超常水平）。

此外，由于北约第39号基本要求的制定，这也使FH70在此前北约炮兵一直薄弱的射程问题上，至少与华约炮兵拉平了距离：FH70在发射基准的火箭增程弹时，射程达30公里。FH70的另一个重要特点是拥有极高的操炮效率。由于火炮重量较轻，结构牢靠，炮架又装有悬挂装置，FH70在一般道路上牵引时行驶时速度为100公里/小时，涉水深1.5米。

由于装有辅助推进装置，火炮短途自行能力和放列都很便捷：在没有牵引车的帮助下，FH70依靠自身的大众甲壳虫发动机、变速箱和差速器，不但能以16公里/小时的时速行驶60公里，而且爬坡度高达30度，涉水深也达0.7米；同样由于辅助推进装置的存在，通过使用简单的控制装置，炮手经过短期训练后即能操作火炮，火炮从牵引车上卸下到进入战斗用时不到1.5分钟，火炮撤出战斗用时也不过是1.5分钟。

**主要性能参数：**

| 口径 | 155毫米 |
|---|---|
| 初速 | 827米/秒 |
| 最大射程 | 24000米（榴弹） |
| 方向射界 | 55度 |
| 高低射界 | −5.5~+70度 |
| 最大射速 | 6发/分 |
| 炮全长 | 9800毫米（行军状态） |
| 炮全重 | 9300千克（战斗/行军） |
| 编制炮手 | 8人 |
| 弹重 | 43.5公斤（榴破甲弹） |
| 运动方式 | 卡车牵引 |
| 配用弹药 | 常规弹药多种、核弹 |
| 辅助推进装置 | |
| 动力 | 73马力 |
| 速度 | 16公里/小时 |

## 生产服役情况

在1970年将意大利正式吸收为第3个参研国后，FH70项目的研发正式走入了正轨。然而，尽管此时冷战开始进入白热化状态，苏联为与美国争夺欧洲，将苏军七成以上的兵力部署在欧洲，力求取得欧洲战区的军事优势。不但在1973年建立了北欧、中欧和南欧三个战区指挥机构，而且还加强了对华约东欧卫星国的控制，控制东欧，使其成为向西欧出击的桥头堡。东欧诸国位于苏联与西欧之间，地缘战略和经济位置十分重要。

苏联用华约组织控制东欧，在勃列日涅夫眼里，东欧不仅属于苏联的势力范围，而且还是苏联向西欧扩张的桥头堡。为了牢牢控制东欧，苏联于1968年出兵捷克斯洛伐克，并抛出了"勃列日涅夫主义"，公然宣称，"社会主义大家庭的利益"就是最高主权，而一些国家的主权是有限的，苏联有权决定"大家庭"的命运，有权对别国采取军事行动。勃列日涅夫极力鼓吹所谓"社会主义大家庭"的统一行动，并把东欧纳入苏联的"军事一体化"轨道。北约中西欧国家面临的压力空前增大，然而FH70的定型测试却仍然长达6年。

从1973年开始，这门集英德法三国之力的155mm牵引式榴弹炮经受住了从挪威、加拿大的严寒，到澳大利亚、意大利萨丁尼亚岛炎热气候等各种环境和作战条件下的广泛技术试验和使用经验积累。在生产出总计19门样炮，并通过三个参研国"军械委员会"的严格验收后，到1976年FH70终于获准定型，并在英德意三国分别下达订单后于转年投入量产（西德订购了216门，意大利订购了164门，英国订购了71门。首批量产型FH70于1978年完成并交付部队（FH70的英国制式型号为L1Z1

▲ 英军为FH70配用的"福登"6×6牵引车

式，西德的制式型号为155-1式）。

不过，尽管三国采购了完全一样的FH70榴弹炮，但射击指挥系统和牵引车却各不相同：如在射击指挥系统上，英国采用"菲斯"系统、西德和意大利则采用"法克尔"系统；而在牵引车方面，德国采用MAN 6×6牵引车、英国采用"福登"（FODEN）6×6，意大利则采用"菲亚特"6×6牵引车）。该炮经方案论证、样炮试制、试验和改进，到最后装备部队共用了15年左右的时间，包括弹药在内的全系统发展总费用达3000万英镑。

有意思的是，虽然按照计划，英德意三国的FH70订单将在1982年全部完成，不过FH70的生产线却并不会随之关闭，这其中的原因在于，英德意三国从一开始就将外销列为了整个项目的重中之重。事实上，FH70的外销工作早在该炮尚在定型阶段就开始了，不但指定英国"国际军品服务公司"负责火炮

和弹药的海外销售，而且还在加拿大、印度、挪威、阿曼、马来西亚以及瑞士进行了大量推销性质的测试（比如在印度，FH70样炮就发射了500发炮弹并被牵引拖行5000公里），以便与同期出现的瑞典FH77B及法国TR-155两种规格和技术性能十分类似的155mm牵引式榴弹炮进行残酷的市场竞争。

按照时代技术标准，FH70本身性能不俗，并且英德意三国的政治影响力相当可观，这使FH70的外销在该炮量产不久即有了突破。1979年10月，作为FH70的第一个海外用户，沙特阿拉伯与英国"国际军品服务公司"签订了包括72门火炮以及弹药、训练和"菲斯"射击指挥系统在内的首单合同。按合同规定，这批订单将要在1982年9月之前完成。不过，在经过近2年的试用后，沙特方面对FH70的性能有了更为深入的了解，因此在1982年3月，又签订了一个80门火炮及相关弹药和配

▲ 启动辅助动力系统进行大架收拢作业的**FH70**

套设备的补充协议，这样到1985年最后一批火炮交付沙特后，FH70已经成为沙特陆军牵引炮兵的主力，共装备了5个炮兵营。继沙特后，FH70另一个海外客户则是日本。

二战结束以来，日本从其特殊的战败国地位出发，采取了一种现实主义的国家战略，即加入以美国为首的西方阵营，与其结成军事同盟，向美军提供军事基地，通过牺牲部分国家主权取得美国的军事保护，从而集中财力物力于国家经济建设，并在国家经济状况允许的限度内逐步建设小规模军备。在这种日美安全合作的战略框架安排下，美军承担了保卫日本安全的主要责任，日本则采取"专守防卫"战略。日政府对其军队的要求是：独力应付较小规模的侵略事态。日本陆上自卫队担负的任务也较单一，主要是负责国土防御，准备抗击苏军的登陆进攻。

然而由于显而易见的政治原因，长期以来，美式武器遍布自卫队每个角落。而欧洲武

器要进入日本市场则曲折得多。不过"兵无常势，水无常形"，随着美日逐步形成相互需要的防务合作关系，地位有所提高的日本得以小范围"忤逆"美国的心意。就这样到了冷战最激烈的1970年代末，美国出于全力对抗苏联的考虑，默许日本少量购买欧洲武器的行为，这就为日本从欧洲引进FH70打开了方便之门（趁此机会，日本还从法国买进了RT61大口径迫击炮，从比利时获得了米尼米机枪生产许可证）。

在决定向欧洲引进FH70之前，日本陆上自卫队除第7师外，在各师炮兵团中与师步兵团同等数量的直接支援营（甲种师4个营，乙种师3个营），装备M2A1型105mm榴弹炮，仅有的一个全面支援营装备M114型155mm榴弹炮。无论是M2A1型105mm榴弹炮还是M114型155mm榴弹炮，都是第二次世界大战时使用的"老炮"，到1970年代末期已经明显过时，而且由于日本国产的58式105mm榴弹炮和58式

▲ 射击中的FH70 155mm牵引式榴弹炮

155mm榴弹炮研制失败，未能推进师级支援火炮的国产化进程，面对本来就十分强大的苏联炮兵火力，日本陆上自卫队长期处于劣势（即便是陆上自卫队第7装甲师当时正在换装的75式155mm榴弹炮，也不过是M109A2的参照设计产物，其23倍径身管最大射程仅19公里）。

也正因为如此，在获知FH70研制成功，并成功装备英、德、意及出口沙特后，日本方面即决定从欧洲引进这种十分先进的牵引式155mm榴弹炮及其全套生产技术，改善陆上自卫队的炮兵装备水准。于是作为M2A1型105mm榴弹炮和M114型155mm榴弹炮的后续炮种，日本政府于1983年通过英国"国际军品服务公司"正式引进FH70的生产许可证，由日本制钢所进行特许生产。日本产的许可证型FH70与欧洲原版相比，最大区别在于辅助动力装置中的发动机不同，液压装置也有所改进。1988年底，首批75门下线（按1988财政

年度估价，每门炮价格约为52.7万美元），开始装备本州以南的炮兵团。

这样就出现了一个"怪现象"，本应装备最先进武器装备的北海道师属炮兵团，其75式155mm自行榴弹炮在性能上落后于本州以南各炮兵团的FH70：这种看上去并非是正常的"怪现象"，背后的原因非常复杂。由于长期以来日本陆上自卫队推行北方重点防御政策，北部方面军不仅火力比南部方面军强，而且机械化程度也比南部方面军高。北方的师属炮兵团已全部自行化，北方各师的步兵，不仅第7师（仅有第11步兵团）全部实现机械化，其他的3个师也各抽调1个步兵团（第2师第3步兵团、第5师第27步兵团和第11师第10步兵团）改编成机械化部队。此外，工兵部队和通信兵部队等也都配备了装甲车。

由于推行北方重点防御政策使得本州地区的防御力量相对变弱，因此采取了一些补

▲ **FH70 155mm牵引式榴弹炮开火瞬间**

偿性措施，而将原来的4个105mm榴弹炮营和1个155mm榴弹炮营全部换装成FH70式155mm榴弹炮是其中的重中之重。不管怎样，截止到1997年，日本陆上自卫队累计接受了479门FH70，不但成为该炮在欧洲以外的最大用户，装备规模甚至超过了英、德、意三个原产研发国，FH70也因此成为日本陆上自卫队炮兵装备的绝对主力（需要提及的是，1988年马来西亚陆军也向英国"国际军品服务公司"订购了11门FH70，出于成本考虑，这批火炮由英国方面委托日本制钢所代工，然后通过海关手续上的某些手段，作为欧洲原产货被运往马来西亚）。

不过，到了2005年，日本开始实行新版《防卫计划大纲》，陆上自卫队迎来了冷战结束以后最大的变革时期。《防卫计划大纲》以向对外干涉型军事力量转型为目的，不仅对陆上自卫队的战略重心进行了全面改版，还对自卫队的建设方针、作战理论、编制体制和武器装备等诸多方面进行了重大调整。其中，牵引炮改自行炮计划便是武器装备重大调整措施之一，这使FH70作为日本陆上自卫队炮兵绝对主力的地位受到了动摇。

据统计资料显示，截止到2011年日本陆上自卫队现役压制武器有：FH70式155mm榴弹炮479门；自行火炮250门，包括75式155mm自行榴弹炮140门，99式155mm自行榴弹炮20门，M110A2式203mm自行榴弹炮90门；多管火箭炮110门，包括75式130mm 30管火箭炮20门，M270式227mm 12管火箭炮90门；迫击炮1140门，包括81mm迫击炮670门，107mm迫击炮90门，120mm迫击炮380门；地地战术导弹发射架100部。

北部方面队属炮兵旅下辖的2个炮兵群中，各编有2个M110A2式203mm自行榴弹炮营，每营辖3个炮兵连，每连装备4门炮，全群

▲ 日本陆上自卫队装备的FH70 155mm牵引式榴弹炮

▲ 自行推进状态的日本陆上自卫队FH70

共装备24门，全旅共装备48门。西部和东北部方面队所属各炮兵群中，编有2个M110A2式203mm自行榴弹营，每营辖2个炮兵连，每连装备4门炮，全群共装备16门。摩托化步兵师属炮兵团下辖6个炮兵营，每营下辖2个炮兵连，每连装备5门FH70式155mm榴弹炮，全团共装备60门。机械化步兵师属炮兵团下辖5个炮兵营，每营下辖2个炮兵连，每连装备5门75式155mm自行榴弹炮，全团共装备50门。装甲师属炮兵团下辖4个炮兵营，每营下辖2个炮兵连，每连装备5门75式155mm自行榴弹炮，全团共装备40门。第12空中机动旅属炮兵队编有3个炮兵连，每连装备M1A2式105mm榴弹炮①，全队装备12门。新编机动战斗旅属炮兵营编有5个炮兵连，但具体装备不详。

从日本陆上自卫队炮兵部队武器装备现状可以看出，其身管火炮的自行化率只有34%，无法满足提高战术机动性的装备建设要求。据英国《简氏防务周刊》报道，从2005年起FH70式155mm自行榴弹炮的长期低速生产已经停止，目前日本陆上自卫队正在考虑替换其现役FH70式牵引型榴弹炮，法国地面武器工业集团公司研制的"凯撒"（CAESAR）52倍口径155

毫米自行榴弹炮系统，BAE系统公司博福斯分公司研制的"弓箭手"（Archer）52倍口径155毫米自行榴弹炮系统和BAE系统公司研制的M777车载型39倍口径155mm自行榴弹炮等三种轻型车载炮已被列入候选武器名单。

## FH70的改进与浒生型号

FH70的改进始于1984年，当年联邦德国莱茵金属有限公司对FH70榴弹炮进行了改进，研制出46倍口径长身管取代39倍口径身管，该身管长7175mm，重1658kg，采用摆动式输弹机。改进后的火炮型号被称为FH70R，采用9号装药，发射制式榴弹射程为30000米，发射底部排气弹射程达36000米，在性能上较之FH70基型炮有了全面提升。该炮于1984年中期曾进行射击试验，1986年在英国陆军装备展览会上展出。同时，英国维克斯造船与工程有限公司还为FH70R式榴弹炮研制了一种弹药提升装置，作为附加选用方案，以减轻炮手的劳动强度。

然而，由于正在酝酿中的第二次北约弹道协议，FH70R的改进方案并没有得到英德意三国军方的认可（FH70R的46倍身管内弹

---

① M1A2式105毫米榴弹炮在二战后统一编号为M101 105毫米榴弹炮。

▲ 正在进行射击演示的*FH70 155mm牵引式榴弹炮*

道总体设计有欠合理、弹丸落点散布精度和身管寿命指标也不理想），也没有获得任何海外出口订单，最终不了了之。不过，FH70R的失败并不意味着FH70的改进与衍生之途就毫无亮点。事实上，如果谈及改进或是衍生，FH70的最大成就在于对老炮的改进升级……

由于自身结构特点方面的原因，在牵引式榴弹炮发展过程中，除了研制生产新型火炮外，用新型火炮的技术对老式火炮进行升级改造，不失为一条多快好省而且卓有成效的现实性举措。事实上，由于牵引式火炮的基

本结构可以持续使用很长时间，因而通过换用新型火炮部件——主要是炮身，并且配用新型弹药，完全能够使老式火炮的火力性能达到（至少接近）新型火炮的水准。也正因为如此，作为一个里程碑式的标杆，也是北约1980年代最为标准的制式155mm火炮，服役不久的FH70技术便被考虑用于各种老式火炮的升级改造，是件十分自然的事。而在所涉及的几个改装对象中，美制M114 155mm牵引式榴弹炮自然是首当其冲。

M114榴弹炮于1942年开始装备部队，曾作为美国步兵师、空降师和海军陆战队的全面支援武器，是美军在二战中最重要的炮兵装备之一，并在二战结束后大量作为军援武器装备北约国家和美国盟国，由于装备数量巨大，直到1970年代还在德国、意大利、比利时、加拿大、奥地利、阿根廷、巴西、荷兰、挪威、南斯拉夫、日本、南朝鲜、秘鲁、西班牙、巴基斯坦、新加坡、土耳其、越南、智利、丹麦、希腊、伊朗、伊拉克、以色列、约旦、科威特、老挝、利比亚、摩洛哥、菲律宾、葡萄牙、沙特阿拉伯、苏丹、泰国、突尼斯等国服役，并且是其中相当部分国家的主

▲ 采用23倍径身管的*M114A1 155mm牵引式榴弹炮*

要炮兵装备。

也正因为如此，如果用FH70的技术对M114进行升级改造，使之成为符合"北约第39号基本军事要求"（北约第一次弹道谅解备忘录）的标准化炮兵装备，不但在技术上具有相当的可行性，而且还具有广泛的军事、政治和经济效益。于是，当FH70一经列装，很多国家纷纷出台了用FH70技术对M114进行升级改造的方案——如西德的FH155L、荷兰的M114/39以及意大利的155/39TM等等。这其中，尤以1987年意大利奥托.梅莱拉公司提出的155/39TM方案最为典型。

为了将FH70炮身用于M114榴弹炮，奥托.梅莱拉公司保留了M114平衡机的基本结构，但由于起落部分重量增加，对平衡机支承部分作了一些改动。此外，虽然原火炮的底盘结构也得到了保留，但由于后座力和后座距离的增加，反后坐装置直接挪用了FH70的相应部分，从而使火炮的后坐部分重量由原来1700kg增加到2450kg，为此采用了一调距垫板使发射座盘前移，以增加火炮的平衡及稳定性，并且摇架衬套及摇架前套箍也作了更改，还安装了新的驻锄。

显然，155/39TM方案对M114榴弹炮升级改造的出发点在于，用FH70的炮身替代原先的23倍径身管，以便在获得射程提升的同时（由14.3公里提升至30公里），还可以令其发射FH70的全部新型弹药，达到作战效能接近FH70的目的，而155/39TM方案也基本实现了这一目标（尽管由于安装了自动开闩装置，155/39TM高射角时的方向射界受到一定的限制）。有意思的是，虽然自行火炮在结构上较之牵引式榴弹炮更为复杂，但将FH70这类新型火炮技术用于老式自行火炮的升级改造，同样是可行的。对此，英德两国提出的几个M109

▲ 西德M109A3G系由1964年列装的M109G 155mm自行榴弹炮与FH70的炮身部件结合而成

自行火炮改进方案很好地说明了这一点。

其中，西德的M109改进方案被称为M109A3G，由M109G 155mm自行榴弹炮与FH70的炮身部件结合而成。联邦德国陆军于1964年开始装备M109G 155mm自行榴弹炮，原计划只使用到1985年，但1978年决定将其服役年限延长到1995年，后又因故改为延长到2005年。为此，西德陆军在1981年决定对该炮进行改进，除改用FH70牵引式榴弹炮使用的39倍口径身管外，还在其他结构和部件上进行了一些改动，以使其能发射FH70 155mm榴弹炮配用的所有弹药，并将射程提升至30公里。

改进后的火炮被重新命名为M109A3G。其炮身部分的主要技术结构特点在于，采用FH70牵引式火炮的炮身，在炮身下方和摇架的伸出部分上有防止炮身回转的键槽，炮闩上安装有改进的闭气装置，身管采用新型柔性防尘皮套和防尘护罩，并保留原有的炮口制退器，摇架和反后坐装置。抽气装置位于身管中部，换用新的炮口制退器紧固器。炮尾环及制退机的加工工艺也作了改进。新炮身重2380kg，其中身管重1420kg，膛线部分长5057.7mm。炮塔部分的改进要点在于，配备方向机手摇驱动装置和新型高低平衡机筒，

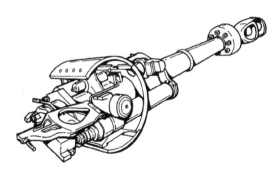

▲ 由于M109G采用23倍口径的M126身管，西德陆军从接受第一天起，就深感有必要进行升级，使之能够和苏式远程火炮相抗衡

修改炮塔液压传动装置以适应公制系统，采用与豹1坦克相同的方向机液压马达，安装电控射击电路和各种新型火控数据板。

此外，还在尾舱部安装可容纳22发弹丸的新弹仓（另外12发弹存放在战斗室内），其中弹药可通过炮塔后面的舱门进行补充，加装发射药装药贮存装置，更改门锁装置和周视瞄准镜的防震套以及采用新的防盾密封装置等。除了炮身和炮塔部分外，M109A3G的底盘部分也进行了一定程度的改进。主要是车体上安装新的身管行军固定器，采用改进的通风装置和新型空气滤清器。为驾驶员安装新的仪表板和驾驶员舱口锁，改变车长控制台的位置。动力室内增加涡轮增压系统.悬挂装置，并换用增强型扭杆。

M109A3G样炮试制成功后，即开始为联邦德国和挪威陆军进行改装，工作于1985年底开始，到1986年改装完成120门，1987年后每年改装138门，到1990年全部完成改装586门的任务，每门火炮改装费用约30万马克，586门火炮的改装总费用（包括备件和一套初速测定仪）约为2.08亿马克。

英国皇家兵工厂的M109UK，是继西德的M109A3G之后另一种基于FH70技术对早

期M109系列自行火炮进行升级改造的方案。M109UK式火炮采用了大部分现有英国陆军为M109A2式火炮提供的勤务系统，是一种低成本小风险性的155mm自行榴弹炮。

其炮身部分采用了FH70的XN212P1式39倍口径身管和新设计的自紧塞炮闩（这种炮闩由快速滑动的闩体与克罗斯勒衬垫式紧塞具相结合，确保关闩后炮尾可靠密封）。高低机上装有皇家兵工厂和莱茵金属公司研制的摆动式输弹机，使火炮具有很高的急促射速，回转机和高低机采用液压传动装置或由人工操作。此外，M109UK的炮塔还采用了美国M109A2改进计划的炮塔顶部右侧车长指挥塔（右侧回转塔上装1挺M2HB式12.7mm机枪），并装有分别由马可尼公司、阿威莫公司和兰克普林控制公司提供的昼夜合一直瞄镜、间瞄镜，MOGUL模块化炮控系统等火控部件。

M109UK携带36发弹丸，31个装药，其中16发弹丸和27个装药在炮塔尾舱内。至于M109UK的底盘部分继续沿用了M109A2底盘，但由于M109UK炮塔部分重量增加，悬挂系统改用高强度扭杆，并换装了新式的液

▲ 西德陆军列装的M109A3G155mm自行榴弹炮

压减振器和落选式缓冲限制器。可惜的是，尽管在性能上M109UK被认为高于西德的M109A3G，但由于在改造成本上较高，而在性价比上又低于AS90方案，M109UK最终惨遭淘汰，并没有投产。

除M109UK外，英国还发展出了另一种基于FH70技术的简易式自行榴弹炮系统。而这种简易式自行榴弹炮系统的研发早在1978年FH70刚刚投入量产不久即开始了。当时维克斯造船与工程有限公司对世界自行火炮市场进行调查表明，结构简单，成本低廉的155mm自行火炮具有潜在市场需求，特别是在第三世界国家。

于是该公司认为应当研制一种性能好且价格合理的155mm自行榴弹炮，并提出了3种方案：第一种方案是全部由英国设计和制造的自行榴弹炮系统；第二种方案是采用最新的技术，研制专用炮塔，并装在某种现役坦克底盘上；第三种方案是研制一种装在多种现役坦克底盘上的通用炮塔。最后选定的是第三种方案，即后来的GBT155 155mm自行榴弹炮通用炮塔。其技术和结构特点在于这种炮塔几乎可以与现役的任何主战坦克底盘相匹配，从而可达到以较低成本获得性能较优的新式自行火炮。

具体来说该炮塔所装的155mm火炮采用FH70的39倍径身管，炮身及起落部分也大量采用FH70的相关部件，半自动装填系统位于火炮起落部分尾部，包括动力输弹机和输弹盘，由装在炮塔内前左角的小型液压马达提供动力。液体气压式反后坐装置有两个制退和一个复进机，制退机对称安装在身管两侧。制退机各自装有内装式液量调节器，可省去外部管路和节约空间。炮身装在筒形摇架上，方向机由液压马达，制动器和齿轮箱组

成，由伺服阀进行控制。高低机和平衡机合为一体，为液压式，通过伺服装置与计算机连接。平衡机装有温度调节装置，以适应环境温度的变化。此外，摇架和炮架时已考虑到维护的方便性，当炮尾处于装填位置时，易于将身管从炮塔前面抽出。

GBT155 155mm自行榴弹炮通用炮塔所用弹药与FH70 155mm榴弹炮使用的弹药相同，即L15A1榴弹，DM105底抛式发烟弹和DM106照明弹。还可发射北约各种155mm制式弹药，如M107榴弹，M549火箭增程弹，M712"铜斑蛇"激光制导炮弹，M483反装甲杀伤子母弹，M692反步兵布雷弹，M718反坦克布雷弹，M795新型榴弹，M110黄磷发烟弹，M116底抛式发烟弹和M485照明弹。32发弹丸存放在炮塔内后部的弹仓中，车体内尚可放置弹药，存放数量视所用车体大小而定，32个发射药装药分别装在几个密闭容器内，存放在弹仓上面，还有11个发射药装药存放在炮塔的前部。

至于炮塔本身采用全钢结构，装甲厚度20mm以上，可防枪弹和炮弹破片。顶部右侧有一指挥塔，周围有8个观察窗，其中两个装

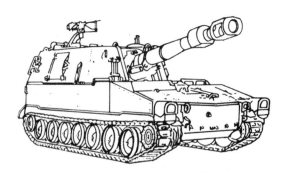

▲ FH70的技术被大量用于改进早期型M109，或是作为新型155mm自行榴弹炮的火力部分

有夜视镜。指挥塔顶部开有舱口并装有枢轴，枢轴上装1挺7.62mm或12.7mm高射机枪。炮塔两侧各有一舱门，供乘员进出，炮塔后部有两个弹药补给舱口，一个用于补给弹丸，另一个用于补给发射药装药。炮塔内后部装有一台小型发电机和一蓄电池组，为装填系统液压动力装置，火炮高低机与方向机提供电源。

炮塔设有三防装置，可容纳4名乘员。瞄准手位于右前方，配有操纵火炮高低和方向运动的双轴手柄和应急用人工操作装置。车长在瞄准手之后，配有超越控制操纵手柄，只在直接瞄准射击时进行炮塔方向转动操作。还配有控制电源，光源，火炮射击和起动炮塔液压系统动力装置的控制面板。两名装填手在左侧。

整个GBT155 155mm自行榴弹炮通用炮塔的火控设备包括间接瞄准系统和进接瞄准装置。间接瞄准由罗盘式光学瞄准镜，火炮瞄准计算机和火炮瞄准计算机的显示与控制面板组成。光学瞄准镜装在指挥塔前方的炮塔顶部，配有传感器，可将测得的方向瞄准角，瞄准镜光轴高低角，火炮耳轴倾斜度和火炮高低射角传输给火炮瞄准计算机（火炮高低角传感器装在高低齿轮箱中）。火炮瞄准计算机进行坐标换算，将目标诸元计算成火炮所需的相对于车体平面和纵轴的方向与高低射角，并显示在瞄准手前面的显示面板上.瞄准手据此进行方向与高低驱动操作。高低瞄准在按下控制按钮后，伺服系统自动使火炮转至所需射角，或由瞄准手用操纵杆控制。方向瞄准只能用操纵杆进行，这种半自动瞄准迅速而准确，瞄准精度小于1密位。直接瞄准装置为昼夜瞄准镜，安装在火炮起落部分上，可用于瞄准2000米以内的目标。

1981年维克斯造船与工程有限公司试制

▲ 今天，博物馆中已经出现了FH70的身影，但这并不意味着这种冷战中欧洲最著名的牵引式榴弹炮就将退出历史舞台

出了5个GBT155样炮塔，成功地进行了台架射击试验并分别装在逊邱伦、奇伏坦、挑战者和维克斯MK3等坦克底盘上进行了各种射击试验和机动性试验。到1987年初，还在印度将炮塔安装在"胜利"坦克底盘上进行了鉴定试验。然而这个打着高性价比为卖点的GBT155通用炮塔，最后还是因为成本过高而乏人问津。需要提及的是，在FH70的诸多衍生型号，最著名也是最有价值的当属其装甲自行化的姐妹型号——SP70。然而，这又是另一个庞大而繁杂的故事了……

## 结语

对于欧洲，1960年代是一个充满动荡和惶惑的年代。第二次世界大战的伤口开始愈合，西欧的人们开始试图重新拾起战前辉煌的碎片。然而，欧洲生活在苏联铁幕的阴影和美国的核保护伞之下，对自己的未来仍然充满了惶惑。为了把不乏先进技术但市场和研发支离破碎的欧洲军火工业整合起来，形成规模优势，重建昔日的辉煌，以此带动欧洲经济和政治的复兴，以英德为主的欧洲国家很早就开始探索欧洲合作，FH70无疑是这一努力所达到的顶点之一。

按照时代技术标准，FH70代表了当时师一级大口径牵引榴弹炮所能达到的最高水准。然而，冷战正酣时节，英德意三个北约国家能够费时15年去打精心铸造这样一门价格不菲的高性能牵引式榴弹炮，这其中的原因既是引人深思的，也从另一个侧面说明，为何直到今天，FH70在战场上仍然会占有自己的一席之地……

# 第三章

# 冷战中的欧美自行榴弹炮： SP70 篇

比较自行火炮与牵引式火炮的最好方法也许是分析同口径的、能把同样的弹药发射到同样的最大距离上去这样的方法。用这种方法就可以比较准确地把这种具有不同设计思想的火炮的相对优缺点鉴定出来。英国、联邦德国和意大利联合研制的FH70 155毫米牵引式榴弹炮和SP70 155毫米自行榴弹炮为我们提供了很好的比较基础。

这两种火炮都是三国共同努力的成果，这个事实本身也清楚地说明了火炮设计的一般趋势：其他西方国家也都不谋而合地遵循了这样的趋势（联合研制给人的第一个印象是，如果设计这些火炮的国际军工企业是为了验证对同口径的牵引式火炮和自行火炮的需要，则结论是两者都需要）。也正因为如此，自行化的SP70与非自行化的FH70可谓一根藤上的两颗果，然而与FH70的辉煌相比，时至今日，SP70却几乎被人遗忘，这其中的缘由则是令人唏嘘的……

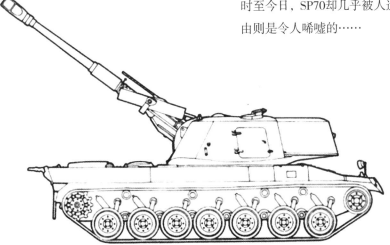

◀ SP70 155mm自行
火炮方案侧视图

## 欧洲的不安全感源自何方

第二次世界大战结束后，由于美国通过马歇尔计划提供了巨额经济援助，西欧得以避免出现经济混乱。但苏联仍被认为对西欧战后的恢复形成了威胁。西欧国家担心，苏联的军事实力在经过这场几乎是毁灭性的战争后却不但没有削减，反而有所增强，它可能通过入侵而占领西欧国家。这种担忧妨碍了西欧国家经济的全面恢复，而美国虽然仍垄断着核武器，但西欧还是认为，苏联从其掌握的中/东欧地区发动进攻，或许可以在一周内占领自己的国家。

于是，这些国家既承认自己的军事实力很虚弱，又怀疑美国能否及时作出反应，以阻止出现苏联侵占西欧这种既成事实，整个西欧和中欧因此处于惴惴不安之中（核威慑力量只由美国掌握，在对方也有报复的威慑力量时，这就产生了美国人的威慑意志坚定与否的考验）。

好在随着1949年4月14日北大西洋公约组织的成立，美国人的防务承诺算是被落到了实处，于是在此后的十几年中，多少缓解了西欧的这种恐惧心理，然而从1967年起，情况

▲ 肯尼迪和接任的约翰逊政府过于关注在一个相当孤立的地区（越南）取得胜利，但代价是牺牲了美国全球力量均衡的利益和北约的集体防务安全性

却又发生了变化。由于肯尼迪和接任的约翰逊政府过于关注在一个相当孤立的地区（越南）取得胜利，但却牺牲了美国全球力量均衡的利益和北约的集体防务安全性。

1967年，北越以火力较弱的美海军陆战队为目标，改变了军事对抗的战略。1968年，他们又一次改变策略，对越南南部城市发动了大规模猛烈而突然的袭击，即"春节攻势"，北越将领武元甲估计这样的军事行动会像1951年在红河谷的攻击一样，将导致广泛的民众起义和敌人的瓦解，但他错了。

从军事意义上讲，"春节攻势"和它附属的军事行动可说是北部越南部队的灾难。南部越南军队作战顽强，这甚至令美国顾问都感到奇怪。美国的火力打垮了进攻者，武元甲在整个1968年发动的连续攻击加重了其失败的程度，败势更为明显，代价也更为惨重。

面对如潮的国内反战，焦头烂额的约翰逊在1968年退出了总统竞选，而威斯特摩兰则开始像一张破裂的唱片，只知道要求更多的东西。结果，由于国防开支负担不断加重（美国经济在1970年完全陷于停顿），再加上作战装备的大量损耗，这不可避免地影响到了美国对西欧曾经作出的防务承诺：大量美军现役部队和技术装备被从西欧抽调，用于支援越南战场，北约的前沿防御则被大大削弱了，但美国人也只能通过对苏联做出某些姿态以进行弥补。

对此，很好的一个说明是1969年1月尼克松的就职演说："在经过一个时期的对抗之后，我们正进入一个谈判的年代"。从表面上看，这似乎有点出乎意料。作为一个强硬的人士，尼克松毕竟在国内已经奠定了他的政治生涯，何故在对外政策上却把缓和放在了一个令人注目的位置？然而考虑到此消彼

▲ 由于美国战略处境不佳，尼克松政府不得不在对外政策上把缓和放在一个令人注目的位置，然而西欧国家的不安全感却很自然地被又一次激起

长之下美国当时的战略处境，尼克松为什么要向苏联"服软"也就不难理解了。从1951年到1971年，苏联国民收入、工业产值、工业劳动生产和农业产值的年均增长都超过了美国，并且几十种工业产品的产量接近或超过了美国而居于世界首位。1969年11月，美苏两家各拥有（洲际导弹）1054枚和1140枚。美国不得不正式承认苏联"对等"的超级大国地位。

不过，这样一来，西欧国家的不安全感却很自然地被又一次激起。对此，欧洲很多老资格的怀疑论者重新提出这样一个问题："如果盟国在危急情况下总是只顾自己的利益，联合又有什么用呢？"

于是，本着"求人不如靠己"的原则，

在这个冷战最严峻的高峰时节，灵活反应框架下的北约中西欧国家，开始了新一轮加强常规军备的热潮（美国人在主观上也迫切希望西欧各国在西线做出更大努力加强常规军备，以应付各种程度各种样式的战争）。而作为加强常规军备的重要一环，如何加强炮兵建设被很多中西欧国家摆在了与装甲兵力同等重要的地位上。抛开"核要素"，北约中西欧国家的战术空军力量勉强与苏军持平，但在地面常规力量的对比上，北约的装甲兵和炮兵建设却是大大滞后的。

事实上，虽说"欧洲见证了人类历史上最大规模的武装力量建设"。但就总体而言，在常规武装力量方面华约要大大优于北约。出现这种情况的原因是华约要抵消北约的核

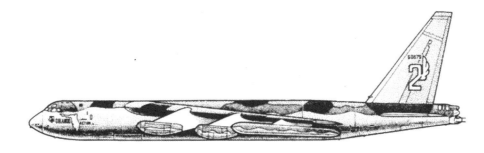

▲ 灵活反应框架下，北约的注意力从核武器重新转向常规武器，以作为战争"可控"升级的"螺丝扣"

优势，也符合苏联的传统战略考虑，由于在地理位置上的暴露和经济实力的软弱，使得苏联认为在大战不可避免的时候会主动发动进攻，而主动发动进攻不得不要具备一定的火力优势。

## 炮兵自行化的"伪命题"

在炮兵是否需要实现机械化的问题上，其实本来并不存在争论。事实上，早在第一次世界大战刚刚结束时，利德尔·哈特及其老师富勒将军就开始这样鼓吹机械化炮兵的重要性："大炮为了自身的生存必须发展成某种形式的坦克"。第二次世界大战中的大量经验也的确表明，无论是机动还是生存性角度，装甲自行化的火炮要比非自行化的火炮更有

优势，利德尔·哈特等人的观点是正确的。

当进入核时代后，就战术层面而言，装甲自行化的火炮相对于非自行化火炮，其优势更是没有缩小反而扩大了：如果说早期的自行火炮多半是为了提高火炮的机动性而研制的，设计师在设计自行火炮时大多采用简单易行的方法，他们只是简单地把牵引火炮的炮轮和大架卸掉，然后将它装到现有的坦克、人员输送车、甚至卡车底盘上，从而制成自行火炮，对于装甲防护性的要求考虑得并不是太多（当时自行火炮的防护功能在多数情况下是不一样的，从具有基本的防护作用到几乎没有任何防护作用，绝大多数二战自行火炮仅提供了简陋的敞开式薄装甲战斗室）。

那么在核战争的背景下，职业军人们对

▲ 美制M107 175mm自行榴弹炮虽然在射程上享有一定优势，但其敞开式设计并不适应核生化条件下的战场环境

于自行火炮的关注度，则将其防护性优势提高到了至少与机动性持平，甚至是超越的程度上。至于这其中的原因则不难理解：在一个装有强劲引擎的履带式底盘上，将能够很容易建造一个拥有"三防"性能的封闭战斗室，将火炮和炮组乘员全部包裹其中（换句话说自行火炮很容易把乘员防护作为火炮整体设计的一部分，因此可为乘员提供最好的防护），而牵引式火炮要实现同样的性能，却是难上加难或者干脆就是不可能的（冷战中，提高牵引式火炮核生化环境下生存能力的最大胆尝试是1950年代末英国的112/88mm加林顿炮，这种火炮最不寻常的特点在于它有一个很高的箱形闭式大架，大架上有一块防核

爆热辐射的防盾，企图以这样的怪异设计来提高炮组成员的核环境生存能力。然而加林顿炮这种形式大于内容的设计，很难说不是个华而不实的噱头，于是这种火炮没有投入量产的原因也就不难理解了）。

显然，如果不考虑金钱这个恼人的问题，在冷战的核战争背景下，即便更大的可能是要打一场接近于传统的常规战争（尽管有了战术核武器，苏联人也坚持认为没有什么有限核战争之类的东西。他们的这一看法是有道理的，并且得到了美国人的默认，因为只要使用了战术性核武器，就不可避免地要导致全面性的核攻击。因此可以说，当双方都配备核武器后，战术上也就有了威慑力

▲ *1950-1960年代北约国家曾经大量列装的M44自行火炮仍然采用过时的敞开式设计*

量，这样便使得进行有限核战争的思想变得荒谬），但所有的职业军人也都希望为自己的部队装备清一色的装甲自行火炮，而对廉价的牵引式火炮连看都不看一眼（核武器使军队资本密集型的特征加剧了）。然而，现实的残酷性恰恰于此显现。

欧洲国家的职业军人们为了获得理想中的武器装备可以只管索取，然而真正掌握钱袋子的却是政治家，而在后者看来，这个问题却比他们并不熟悉的军事专业领域更现实也更为重要。事实上，在军人和政治家之间始终是存在一种对立的，前者可以对包括经济在内的"大问题"只采取形式上的"关注"，以致实际上很难进入他们的考虑之中，但后者看来国家的政治目的却并非是那样遥远和模糊不清。更何况，无论在欧洲国家还是其他国家，政治家都会是国家这艘大船上的船长，军人们则只是掌管甲板上武器的水手。所以，政治家手中的钱袋子不但不可能毫无节制地向军人们敞开（去大量购买那些质量高而价格则更为惊人的武器），而且还可能不无威胁性地想方设法让军人们自己意识到，过份追求武器质量而不论经济性的后果将是削减数量，并最终将把数量削减到不符合战争实际需要的水平，从而造成他们组织基础的动摇。

结果，无奈之下的欧洲军人们，在对待火炮的问题上，只能像对其他类似问题一样，以一种两条腿走路的姿态来解决——在昂贵的自行火炮与廉价的牵引式火炮间进行妥协，既采购大量的牵引式火炮来稳定组织基础，同时也采购相对较少的自行火炮获得质量上的优势。

牵引式火炮与自行火炮的主要区别是火炮的机动性（特别是战略机动性）、防护能力和成本不同。一般地说，对于所有的同口径的牵引式和自行火炮来说，其主要区别都是如此，只是在选作比较的火炮型号不同时区别的程度可能不同。例如，若以FH70 155mm牵引榴弹炮与一个自身的自行化衍生型号相比较，那么在机动性、射速和防护性上，后者将具有更为显著的优势。

他们是这样想的，也是这样做的。也正因为如此，当英德双方于1968年正式签署《联合研制师级支援火炮备忘录》时，除FH70这种牵引式火炮外，基于这种牵引式火炮技术的装甲自行化版本也是一开始就被考虑在内的。事实上，这种通盘考虑的做法，其好处显而易见。一方面，作为1963年"四国弹道会议"（北约第39号基本军事要求）的直接产物，FH70所采用的39倍口径长度、18.85升药室容积①、20倍口径膛线缠度的155mm口径身管，被西方世界广泛认为已经达到了时代条件下最为理想的内弹道性能。并且还拥有进一步通过改善弹药来提高外弹道性能的潜力，所以直接利用这一技术成果来研制自行炮，首先可以保证火力性能上拥有足够的技术先进性。

另一方面，在技术复用这个大前提下，将先进的牵引式火炮与某种适合的履带式或轮式底盘相结合，一向是自行火炮研制的"传统"，特别是当时英德两国现有的自行火炮装备，性能不足的问题相当严峻（英德两国当时刚刚开始换装105mm口径阿帕特自行榴弹炮和

---

① 常规身管火炮的发射是使火药在一端封闭的管型容器（火炮身管）内燃烧，利用所产生的高温高压燃气膨胀做功，推动被抛射物体（弹丸）向另一端未封闭的管口（膛口）加速运动，在膛口处获得最大的抛射速度（初速），进而飞向目标的过程。这一过程具有明显的高温、高压以及瞬时特性，在弹道学上被称为内弹道循环。

▲ *FV433 阿帕特虽然设计较为先进，但105mm主炮性能不足的问题是相当严重的，无力满足中欧战场的严酷要求*

155mm口径的M109G自行榴弹炮，但这两种自行火炮的性能从一开始就不被看好，只是在缺乏更好选择情况下的一种代用品。以105mm口径的阿帕特自行榴弹炮为例，这种由皇家武器研究与发展院研制的L13A1式105mm炮身和FV433型装甲人员输送车底盘组合而成，于1967年试验定型，1968年开始装备部队，从时间上看是一种相当新锐的武器，然而无论是机动性和射程都无法令人满意。

　　以这样一种方式来获得新一代高性能自行火炮，在时间进度和经济性两方面所具有的吸引力可想而知。更何况，通过这种更为深入的军工合作项目，以强化武装西德为纽带，英国得以继续推动西欧防务实践与大西洋防务实践的有机结合。这一防务安全的内容满足了西欧各国对欧洲防务安全的普遍需要，实际上

强化了以美国为核心的北约组织，推动了大西洋防务安全体系的深化，也从另一个层面深化了英德两国在战后的关系发展，提高了英国在北约内部的话语权（作为北约"首领"的美国人对英德间加强军事合作之所以并不反感，其原因在于这种北约盟友间的军事交流合作能使美欧各国的经济资源、军事力量得到了优化和整合，全面加强了北约在欧洲的战略地位，从根本上是符合美国利益的）。也正因为如此，当1970年意大利作为FH70项目的第三个合作伙伴加入进来后，作为其自行化衍生版本的SP70项目也随之启动。

## 在争执中启动的SP70自行榴弹炮

　　在1968年8月，英德双方签订的《联合研制师级支援火炮备忘录》中，实际上包含了

牵引和自行式火炮两份文件。其中，英国作为牵引型FH70项目的负责人，而德国则作为自行炮SP70的负责人。因此可以说，从一开始FH70与SP70就是同步的。并且与FH70的情况类似，SP70也有着明确的替代针对性。对于英国来说，他们需要一个FH70的自行化版本去在10年后代替105mm口径的阿帕特（105mm口径阿帕特自行榴弹炮采用37倍径身管，拥有17千米的最大有效射程，最大公路速度47.5千米/小时）和155mm口径的M109A2，而德国则要用这个自行化的FH70去代替目前155mm口径的M109G（23倍口径身管和14.3千米的最大有效射程），并与正在研制中的新一代主战坦克相配合。

然而问题在于，虽然西德方面打算在10年后至少订购600门SP70来代替现有的M109G炮群，但"抠门"的英国人却只希望订购221门SP70，这使西德方面大失所望（与英国人相比，德国人对自行版本的FH70更为重视），在需要分摊研发费用的情况下，过小的采购数量将导致火炮单价的直线飙升。结果，由于英德双方关于自行型号的采购数量上僵持不下，SP70的进度始终停留在纸面上，这与进展顺利的FH70项目形成了鲜明对比。

不过，随着意大利在1970年加入FH70项目，SP70项目发生了转机（研制自行火炮这类复杂技术武器系统的费用很高，这就成为这种北约国家内部合作的主要原因。由于国内国防工业的市场规模有限，在英、德、意任何一个欧洲国家中对于技术复杂、研究和发展费用高、单价高的武器系统进行单独研制，在经济上已经很难行得通）。

与英国和西德的情况类似，意大利除了需要采购大量牵引式的FH70外，也需要一些自行化的FH70来代替性能令人失望的M109A2：这种美制自行火炮的射程上只有14.3千米，底盘的发动机功率也过于羸弱，无法提供足够的机动性能，装甲防护性能也无法满足在中南欧的作战需求。由于意大利人确认他们至少需要采购300门以上的自行化FH70，这使英德双方围绕其采购量所进行的多年争吵戛然而止，于是整个项目开始步入正轨。

当然，尽管SP70项目的主管负责方仍然是西德，但由于意大利人的加入，主要技术性能要求和设计思想还是进行了一定调整。首先，作为FH70项目的自行化版本，关于SP70要尽量沿用FH70火炮的身管和主要部件这一点，从一开始就得到了三方毫无疑义的认

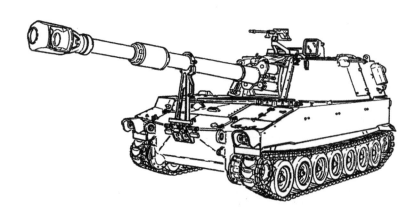

◀ 美制M109A2 155mm 自行榴弹炮是SP70项目的主要替代对象之一

▲ *FV433阿帕特105mm自行火炮同样是SP70项目的替代对象之一*

同：SP70与FH70之间不但要实现完全的弹药通用，内、外弹道性能上也将完全一致。另外，考虑到FH70在设计伊始便将3发/8秒以上的高射速性能放到了相当重要的位置，并为此不惜采用了由APU提供动力的半自动装弹机构，因此在自行化的SP70上要采用全自动装弹机，以获得更高射速上这一点，也得到了三国的一致同意。然而，当讨论到机动性和装甲防护性问题时，英德意三国却产生了颇为明显的分歧。

英国人倾向于研制一种25吨级左右的，在射程、射速和反应速度上至少优于美制M109A2/G两倍，但防护性和机动性只要求与之持平即可的新型155mm自行火炮。然而，西德和意大利却希望获得一种不但比M109A2/G更大、更重、射程更远、射速更快，而且在防护性上至少不低于"豹I"主战坦克（即至少能够在1000米距离上，抵挡23mm口径弹药的攻击），在机动性上不低于正在研制中的"豹II"主战坦克的30–40吨级新型155mm自行火炮。双方的分歧显然不小。

当然，为什么会产生这样的分歧，绝非是毫无缘由的，而是与两方三国不同的军事理念有着直接关系。一方面，英国人之所以对SP70的构想较为保守，并且采购数量较少，其根本原因在于英国人此时或多或少仍受战前"有限义务"论调的影响（即尽可能少、最好是完全不向欧洲盟国承诺提供部队）。英国政府和军方虽然承认，在美国被迫收缩其驻欧常规部队实力的情况下，英国有

▲ 正在集结中的苏联装甲集群

可能为防守阿尔卑斯山与波罗的海之间的地区提供更多更强的常规力量，那并不是一桩毫无希望的难事。

　　然而，英国为中欧北约的集体防御所提供的额外兵力应当与有待防御的地区相关联，而非与华约能够部署的最大兵力（如果将它能够动员的所有部队都考虑进来）相关联，并且以不损害大西洋防御为前提（英国人的实用主义向来贯穿于其政治化观点）。所以，英国人提倡在其承诺部署在欧洲中部地区的26个增援师中，至少一半的师（特别是大部分装甲机械化师）应当留作机动后备而不投放于前线的防御位置（当时北大西洋公约组织几乎没有现成的预备队，所有主要的地面作战部队都在"第一线"。在紧急时刻务必及早加强目前已展开的部队，而英国人很显然更乐意充当这样的一个角色，而不是将其士兵像西德士兵那样，在前沿被"钉死"）。

　　也正因为如此，这就能够解释了为什么英国人更希望在SP70项目中，获得一种仅仅突出了有限先进性的155mm自行火炮，既然机动后备师可以在相对从容的状态中被投入使用，而FH70的射程又较远，那么过多的防护性和机动性要求对155mm自行火炮来说，除了增加研发和制造成本外，并无特别的好处（在英国人看来，自行火炮的射程越远，部署在敌间瞄武器射程之外也就越容易，对自行火炮的机动性和防护性要求也就越低）。

　　另一方面，德意两国之所以比英国更强调SP70的"全面先进性"而不是"部分先进性"：在突出火力性能的同时，也突出机动和装甲防护方面的技术性能优势，同样有着不可忽视的充足理由（当然，这些理由必然也是以其本国的防务需求为出发点的）。特别是对西德而言，作为北约集体防务体系中常规力量的主力，西德国防军在地缘压力下，为了避免其整个国家被常规战争所摧毁，不得不将前沿防御战略，作为其军事理论和战术部署的支柱。

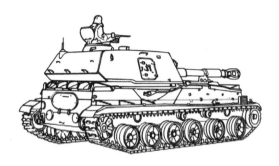

▲ 几乎在SP70项目启动的同时，北约发现苏联也在研制新一代的自行火炮

西德认为，由于其东西纵深较浅（最宽处为453公里，最窄处为225公里），缺乏回旋余地，而且它的工业和人口较为集中（仅在原东西德边界线的西侧100公里的地带内，就分布有其居民的30%和工业潜力的25%）。因此，"必须向前寻找战争的机动性所要求的纵深地区"，实行"前进防御"。使其防御地域推进到东部边界沿线附近，将迟滞线由边界推至当时华约的深远纵深，并将最后防线由莱茵河前移至威悉河——莱希河一线。在最大限度接近边境的地区内，阻止苏军装甲机械化集群的进攻。但"前进防御"这个词大有主动进攻之嫌，容易授人以柄。为避免在政治上造成混乱，并作为在当时向东方表示的一种友好姿态，联邦德国（西德）于1966年将"前进防御"改称为"前沿防御"。

对西德国防军来说要执行这项任务是很困难的，其与华约的接触线从军事地理观点来看很难防守，尤其沿平坦的北部平原一线更难防守（该平原是切断北大西洋公约组织中段的长达一千公里的俄法走廊的一部分），再加上戴高乐在1967年将北约军事力量从法国本土赶了出去，要指望获得及时有效的北约常规力量增援的情况不容乐观，这就要求西德国防军地面部队的每一件作战装备都必

须拥有尽可能长久的持续作战能力（换句话说要成为各种各样的"钉子"），对坦克来说是如此，对自行火炮来说也是一样。

如此一来，西德方面为什么强调SP70的"全面先进性"也就不难理解了：更厚的装甲意味着更长久的战场持续生存性，而更强的机动性则意味着提高机动防御的效能（西德方面通过二战中所积累的大量经验，早就认定火炮的战斗性能与火炮的机动性水平有重大关系，因此完全有理由强调炮兵武器的机动性应优于受其支援兵种的武器机动性），其最终结果都是为了增强了前沿防御的韧性。

不过，无论英国与德意的分歧胶着于何种技术问题：如机动和装甲防护，但问题的实质却在于一个"钱"字。换句话说，如果能以一种"合理"的价格去采购到所需的数量，英国人其实并不介意西德如何强调SP70的"全面先进性"（更何况英国人对于新型155mm自行火炮的期盼也并不比西德要低，推进SP70项目是几方共同的意愿）。有意思的是，在看穿了这一点后，西德方面对英国有所让步，单方面追加研发经费3000万马克，于是"分歧"得到了圆满的解决。就这样到了1972年年初，英德意三方终于就SP70项目达成了

◀ SP70强调核生化战场环境中的持续作战效能

广泛的一致。

1972年7月三国签订了研制、鉴定和生产SP70自行榴弹炮的备忘录。备忘录规定，该项目的最高决策权威机构是每半年召开一次的三国领导委员会，下设由三个国家项目负责人组成的常务委员会作为执行机构，具体管理工作则由西德联邦防御技术和采购局的一个高级官员所领导的技术项目管理小组负责。德英意三国，按照56%、34%和10%的比例来分摊研发工作量和成本，其中西德方面由莱茵金属公司作为主承包商，主要负责底盘、动力/传动装置、炮身、摇架、输弹机、电子与液压系统的研制，以及可靠性和可维修性研究；英国方面则由皇家武器和研究发展局为主承包商，主要负责炮塔、供弹机、弹仓、方向机和瞄准装置的研制；意大利方面由奥托·梅莱拉公司担任主承包商，主要负责辅助动力装置、燃料系统、反后座装置、高低机与平衡机以及伺服补偿装置的研制。

## SP70自行榴弹炮主要技术特点

为了减少技术风险、降低成本、缩短发展周期，并保证弹药的通用性，作为整个项目的基础，SP70的火力系统将直接沿用牵引型FH70炮身和起落部分的大量部件：主要包括身管、炮口制退器、炮闩和紧塞装置以及点火击发装置等等。然而，如果以此就将SP70理解为FH70牵引式榴弹炮与某种履带式底盘的简单结合却是大错特错了。事实上，SP70不但与二战中的自行火炮在结构和技术上有着天壤之别，即便是与经典的M109相比，其设计理念也是突破性的。

### 中置战斗室

作为核生化条件下使用的高机动性重装甲自行火炮，战斗全重高达40吨的SP70，主要由可360度旋转的全封闭式炮塔和搭载大功率发动机的履带式底盘两大部分组成，然而不同于M109或是"阿帕特"底盘动力/传动装置前置而炮塔/战斗室后置的经典设计，SP70在设计上别出心裁的采用了动力/传动装置后置而炮塔/战斗室中置的反常规布局。

当然，这并不是没有原因的。表面上来看，将炮塔/战斗室置于车体后部，带来的好处似乎一目了然：一是战斗室空间较大；二是易于解决外部补弹问题（这种设计可使乘员通过车体后部的一扇蛤壳状门出入炮车，该门使装载弹药成为一件简便的工作，也容易接驳拥有自动机构的供弹车）；三是前置的动力/传动系统能够为炮车乘员带来额外的防护增益（把发动机和传动装置放在战斗室前面可以增强乘员的防护力，因为这样布置使任何一种动能穿甲弹或是化学能破甲弹所穿透的路径大大增加。如果弹丸或是金属射流必须穿越传动装置或发动机，其动能必然会受到损失）。然而很多人并没有意识到的是，这样的"经典"布局也存在着一些难以回避的问题。

首先，如果把战斗室放在车辆的最后部，即类似于M109那样的布局，对越野行驶是极不理想的。车辆俯仰运动时会出现非常严重的情况，使它很难在行进间作战。不但乘员在车上感觉极不舒服，而且火炮控制装置特别是稳定器的负担会重得无法承受。此外，炮塔/战斗室后置的大口径自行火炮，对于射击阵地的平整性要求较高，或者说在射击时缺乏足够的稳定性，需要驻锄来增强稳定性。然而，这样一来，不但自行火炮本身快速展开和放列的反应速度会受到些许影响，而且驻锄及其收放机构也无形中增加了炮车的战斗全重，这些重量本来是可以增加到装甲防护上的。

▲ 英国少量装备的美制M109A2采用战斗室后置布局

　　另外，前置的发动机和传动装置肯定会给炮车车组乘员提供一些额外防护，但这是以它本身的损伤为代价的，在残酷的中欧战场上，很难说得清，被迫放弃车辆的炮车乘员，他们的生存性是提高了还是降低了。要想为动力和传动装置提供足够的防护，动力/传动前置的布局却很难行得通。与发动机后置的布局相比，前置布局有更多的正面面积需要得到充分的防护，不过增加防护面，势必要增加车重（特别是对SP70这种强调装甲防护性能的自行火炮更是如此），最终将使得整个设计因为无解的超重问题而难以为继。

　　最后，还需要看到的是，由于战斗室位于发动机和传动装置之后，在大多数发射阵地上，火炮用于直瞄的光学瞄准路线都要越过这些部位，因此上升的灼热气体会给光学仪器带来一些问题（尽管对于155mm口径的支援火炮来说，需要直瞄射击的情况并不多见。而且这个问题在技术上也并不是不能解决的，但无疑

却要增加设计难度和成本）……

　　也正因为如此，在反复权衡之下，负责项目整体设计的德国莱茵金属公司决定，放弃M109的所谓"标准"布局，采用更接近于坦克的中置炮塔/战斗室布局：即驾驶员位于车体前部，其后是设有炮塔的中央战斗部分，发动机和传动部分则以纵置或是横置方式位于车体后部。这种布局的主要优点是，炮塔位于中央，可以使车辆在机动或是非机动状态下都能保持最好的平衡稳定性，战斗部分容积大，炮手便于操作，并使驾驶员有良好的视界，同时保证炮塔能作360°旋转，火炮还可拥有更多的下俯角，以利于在必要情况下，更好地进行短兵相接的直瞄射击战斗，而又不必过分增大炮塔的高度。

　　同时，由于车体自身既具有足够的稳定性，因此驻锄及其收放装置也得以取消，这一方面简化了车体设计，同时也节省了战斗全重的浪费。此外应该看到，中置战斗室加后置

▲ 法制AFU-1 155mm自行榴弹炮既采用中置战斗室布局

▲ 阅兵式上的AUF-1自行榴弹炮

动力/传动装置的布局，还带来了另外一些附加优点，如由于主动轮和传动系机组被布置在不易受到攻击的车体尾部，车辆的生存能力得到了提高；更易于保证传动系机组的风冷散热；由于用密封隔板将产生噪音、热量和废气的传动系机组与乘员隔开，自行火炮乘员组的生存环境得到了显著改善；以及由于动力传动舱安装了可拆卸式装甲盖板，大大方便了传动系机组的拆装等。

## 全自动装弹机

如果说牵引型的FH70将射速问题放在了重要的位置上，那么对其自行化版本SP70来说，对于这个问题就只能说要加个"更"字。一战和二战的大量经验表明，射速的高低直接影响着大口径支援火炮的射击效果。特别是二战中的经验表明，在战斗开始的十几秒内实施尽可能猛烈的射击是相当重要的。据西德在战后统计，炮火产生的杀伤85%是在头10-15秒内完成的。所以在战后的冷战背景下，无论是东方还是西方阵营，各国都很重视射速问题，尤其重视爆发射速。提高射速可以缩短火炮完成射击任务的时间，提高火炮的生存能力。现代电子侦察技术的飞速发展，迫使火炮必须频繁地变化发射阵地，同

时火炮又必须为己方部队提供及时的火力支援。这就要求火炮要在尽可能短的时间内，快速发射大量的炮弹，然后迅速转移，避免被迅速反应的敌人炮火所反击，以实现"打了就跑"的战术。

提高射速还可以提高火力密度，实现"多发弹同时弹着"，使单门火炮达到多门火炮的射击效果。而同FH70这样的牵引式火炮相比，先进的自行榴弹炮系统是一个复杂的火力、火控、运载工具三合一的综合武器系统，其有效容积和载荷受到严格限制，车内操作空间狭小，不便操作，有限的战斗空间也限制了炮手的人数。同时155mm口径的火炮弹丸重40～50kg，每次战斗要发射大量的炮弹，在如此狭窄的战斗室空间内只靠人工装填无法持续高速供弹。况且人工装填一致性较差，会直接影响火炮的射速的散布精度。也正因为如此，在SP70项目中，无论是德国人或是意大利人，还是抠门的英国人，都将如何提高SP70的射速问题摆在了极为重要的位置上，并一致同意将重点放在研制先进的全自动装弹机上（火炮的射速是由装填自动化程度和弹药结构决定的）。

如果要将爆发射速和持续射速作为火炮的重要战术技术指标，那么提高大口径火炮射

▲ 采用先进、完善的自动装填系统是大口径自行火炮提升性能的必由之路

速的关键在于提高弹药的装填速度，采用先进、完善的自动装填系统是必由之路。显然全自动装填系统既可减轻炮手的劳动强度，又可以弥补炮手人数不足的问题。不过，全自动装填系统既是满足先进榴弹炮系统战斗使用要求，提高总体战术技术性能的有力措施，但同时也是先进榴弹炮系统上水平的"瓶颈"问题和关键技术。再考虑到FH70刚开始采用早期的全等模块装药技术（也就是刚性全可燃容器容纳发射药包，与1990年代后真正成熟起来的模块式装药并不完全一致），因为模块间缺少连接结构的支撑，为保证药包和弹体装填过程安全可靠，对送弹、输弹机结构、药包装填机构乃至整体设计都提出了更高的要求（比如结构设计紧凑，尽量增大弹药舱存储弹药量，提高炮塔尾舱的实际利用率；提高自动化程度，大量使用全电伺服机构；不采用卧式结构弹舱，以避免由存储单元直接承受全部弹体重量（只能通过零部件加粗加大来解决），造成弹舱结构重量过大的问题。

　　为此，SP70从一开始就强调，要保证爆发和持续射击的高射速要求，必须能够在任意角度下对FH70的全系列弹药进行弹头和

药包的全自动装填，其装填机构因此将是一种机电结合的"机器人"设备，与传统意义上由供弹机、输弹机和动力机构构成的"装弹机"首先在概念上就有了区别。其整个弹药装填系统由"抓弹——旋转180度——前移——放低/交接炮弹——旋转180度——掀起——推弹"等一系列动作完成，整个过程有两个旋转动作，核心部分实际上更接近于采用全电伺服机构的一种机械臂。总之，英德意三国在SP70的自动装弹机构设计上是挖空了心思的（通常认为2S19式152mm自行榴弹炮是世界上最早实现弹丸和发射装药全部自动装填的大口径自行火炮。但实际上这个说法并不准确，而且限于当时苏联的技术水平无法研制实用化的刚性模块化发射药，只能采用全刚性可燃药筒，2S19的输弹机才能以较简单结构实现这一点，在技术水平上与SP70无法相提并论）。

▲ 图中的SP70炮管向后，且呈大仰角姿态

具体来说，SP70的全自动弹药装填机构由弹仓、输弹支臂、输弹机和供弹/弹药补给装置组成，立式转盘式弹仓内装三排共32发弹丸。液压摆动式输弹机包括接弹盘、输弹盘、送弹杆和控制部分，都装在摇架的延伸部分上。输弹支臂固定在火炮右耳轴上。输弹支臂从弹仓的固定位置取出一发弹丸，而后转向火炮起落部分。在这个位置上，输弹支臂和摇架的接长部分相接，并将弹丸输送到接弹盘，炮弹处于待装填位置，而输弹支臂返回到原来位置。

装填时，弹丸由接弹盘传送到输弹盘上，由输弹杠杆使之加速运动，之后弹丸靠惯性进入药室，从而实现"各种射角"下都能得到良好的装填效果（当然，"各种射角"的自动装填实际上只是一个宽泛的说法）。发射首发弹时，输弹盘由液压系统抬起，以后则以炮身的复进通过驻销使之抬起。弹药的输送和装填由电脑控制，并设有必要的保险装置，工作中车长可进行监视，发射药由一个全电伺服装填机构装填，而在炮塔后壁外部，装有液压操纵的弹药补给装置。

补充弹药时由炮手从地面或弹药车的平台上将弹丸放在托弹盘上，托弹盘经炮塔后壁的开口处将弹丸送到弹仓内的装卸器。弹丸在舱内的排放位置由炮塔内的炮手控制。也可由装卸器直接将弹丸送到输弹支臂上，而后按输弹程序直接入膛。装药通过炮塔后壁上的单独孔送进炮塔和车体内。射击时，火炮由车长或瞄准手电击发或手动击发。必要时，火炮也可纯人工装填发射。

## 紧凑型炮塔

人们总是试图保护自己免受敌人及其使用的武器的杀伤，但这却要与他们对机动性的需要保持平衡。在古代，随着长弓的发展，防护就需要加强，铠甲越来越重，结果丧失了机动性。这以后，为提高生存能力就要求减轻重量和提高机动性。在战斗车辆装甲防护的发展史上，可以看到类似的过程，坦克是如此，自行火炮同样亦然。

在西德方面的坚持下，SP70实际上是按照"尽量靠前"的战术原则进行设计的，这不仅反应在其装甲防护水平较之M109高出一倍，也反应在其炮塔设计的紧凑性和良好的防弹外形上（某种程度上，SP70的设计更接近于坦克而不是传统意义上的自行火炮）。不过，对于155mm口径的重型自行火炮来说，由于火炮口径和起落部分体积较之坦克炮更大，又要为分装式弹药安装结构复杂的大型自动装填机构，如何在将炮塔设计得更为低矮紧凑的同时保证其功能性的发挥，并不是一件容易的事，其难度较之坦克更甚。

理论上来讲，炮塔的低矮紧凑目的在于尽可能减少装甲壳体包裹的车内容积，从整体上减小自行火炮的轮廓。这样，不但节余出来的重量储备，可以用于提高炮车主要战斗性能的水平，尤其是提高炮车的整体防护能力，缩小了的外形轮廓也减小了被弹面积，从而进一步提高自行火炮战场生存性（被弹面积的缩小会使易受攻击的可能性显著减小并使乘员的生存几率增加）。

不过，出于强调一线战场生存力的目的（能够在一定程度的直瞄火力打击下存活下来），要为重装甲自行火炮设计一个低矮的炮塔也许并不是难事，但问题的关键却是落在炮塔/战斗室的内部布置上，紧凑性与功能性向来是一对难以调合的矛盾。

首先来讲，要将体积硕大的FH70起落部分塞入SP70的炮塔，并满足必要的射角和

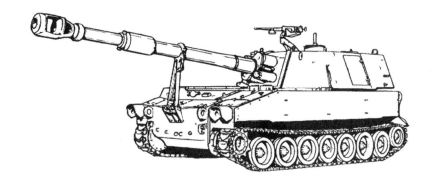

◀ 在炮塔/战斗室的内部布置上，紧凑性与功能性向来是一对难以调合的矛盾

持续性的安全射击要求，自行火炮的炮塔设计在客观上要受到诸如火炮耳轴到炮塔底面高、火炮耳轴到炮塔旋转中心距离，火炮回转半径、后坐长度、炮尾高度、弹药长度和药筒长度等的限制。同时，为了射击安全，炮尾端面与炮塔座圈之间的距离应该最大限度地大于允许的后坐长度，而为了安全抛出弹壳，间距还要大于药筒长度；在分装式弹药装填的情况下，间距要大于弹壳或者弹头的长度。在保证火炮具有必要的俯仰角度的前提下，还要增大炮耳轴的伸出长度以及座圈内径，来保证火炮有安全的后坐距离。

此外，具有可靠的防护性和密封性炮塔的火炮开口尺寸应最小，保证能够方便地安装和拆除火炮身管和辅助武器（并列机枪），又不过分削弱炮塔正面的防护性。更何况，为了保证高度的持续战斗射速，SP70项目研发所强调的就是要以高度可靠而且设计巧妙的自动装弹机来实现这一点。然而，这又使战斗室的布置取决于所选装弹机的类型和弹舱的结构。再加上，由于必须保留人工装填能力（英德意三方对于自动装弹机的信心显然不足），还需要给装填手预留足够的车内空间，并保证其工作位置有足够的高度（1600～1700毫米）和宽度（至少500毫米），还要合理布置第一列弹

的位置，缩短搬运装填弹药的距离。显然，上述的每一点考虑，对于SP70这样的自行火炮战斗室布局来说，都是一个举步维艰的挑战……

然而，要实现炮塔的紧凑性设计，紧凑性与功能性间的矛盾却非解决不可。简单地说，要保证炮塔发挥最大使用效能，炮塔和战斗室容积应该能够保证满足如下几个要求：方便布置乘员；安装大威力武器及火控系统各部件；足够的射角；布置足够多的弹药。为了达到这个目的，西德当时装备的M109G炮塔/战斗室容积就达到了9.8平方米，占装甲包裹的车内总容积的60%以上。

但这种"奢侈"对于既要强调紧凑性设计，又要满足全自动装填要求的SP70来说却是不可想象的：为了保证炮塔的低矮，SP70的战斗室容积上限仅仅不到7.8平方米。为此，SP70只能通过安装平衡机，取消旋转吊篮、极其紧凑地布置其他舱室，并将弹药和部分装填输弹机构移至这些舱室等等手段，力争在满足总体布置指标要求的情况下，将没有利用的炮塔和车内容积减至最小。以此来实现在紧凑型炮塔内，同时安装FH70火炮起落部分、车长、炮长、2名装填手以及全套自动装填机构，并使火炮拥有尽可能大的射角的目的。

具体来说，为了适应紧凑型炮塔的内部

▲ *SP70的炮塔不但设计紧凑而且拥有良好的防弹外形*

空间，SP70在火炮起落部分上采用带平衡机的"后耳轴"结构，由于耳轴不在起落部分的重心上而产生不平衡力矩时，就需要使用平衡机。尽管使用平衡机会增加火炮复杂性、增大火炮重量，有时还会加大火炮外形尺寸，但是在火炮设计中由于使用平衡机而能够采用"后耳轴"，即把耳轴放在起落部分重心后边，是有好处的。采用后耳轴使火炮更多的部分可装在炮手装填和发射时所用操作空间的前面。这样一个操作空间对任何火炮来说都是很重要的，对自行火炮来说则更为重要。在进行高射界射击时炮闩后端面离地面越高，装填越方便，对变后坐的需要也就越小。由于炮尾碰撞炮车或炮架的机会更少，因此更容易使火炮具有360°的方向射界。

SP70的"后耳轴"结构可降低火炮轮廓，因此有利于火炮隐蔽，同时在炮塔座圈底部设置转弹机，炮尾装扬弹机，前面车体底部装抓弹机和两个储弹盘，中间一条轨道和座圈下的装弹轨道连接，两个储弹盘共装36发炮弹，再利用驾驶员后面通道放置12发备弹（要依靠人力搬运到储弹盘上），全车备弹48发。炮塔尾部设置滚筒式药筒储存架，可以装50个全装药药包。车体尾部地板下装一条传输带，炮弹从车外转运进入转弹机，把装弹过程反过来就可以完成储弹过程，也可以直接传输到扬弹机，装入火炮发射。总之，通过绞尽脑汁的设计，SP70的炮塔设计既保证了紧凑性，又保证了有限的炮塔空间内，实现火炮处于任何仰角时都能实现全自动装填的苛刻要求。

## 底盘：一个关于选择的问题

相对于牵引型号，自行火炮所拥有的一切优势，归根到底其本钱在于一个性能足够先进的履带式底盘，对于这一点，英德意三方的共识毫无争议。不过，出于项目成本考虑，以莱茵金属公司为主的底盘部分承包商，一开始就决定要最广泛的利用现有的技术成果乃至现成部件，以达到最大限度的缩短研制周期，并在成本和性能上取得双重收益的目的。再加上SP70采用的中置战斗室布局，实际上更接近于坦克，这使得莱茵金属公司的设想从一开始，就在相当程度上具有可行性。

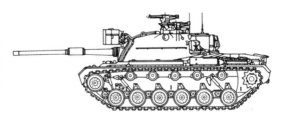

▲ M47/48系列坦克当时正在逐渐淘汰，即便不考虑性能问题，将来的后勤保障也与现役装备很难通用

也正因为如此，SP70的底盘设计，成了整个项目中另一个不同寻常的特色。首先来讲，由莱茵金属公司主导的这个履带式自行火炮底盘，基本设计脱胎自克劳斯·玛菲公司的豹I主战坦克。不过，作为一个国际合作项目，英德意三方当时装备的主战坦克，并非只有豹I一种：英国陆军当时主要装备的是"百人队长"，并且更新型的"酋长"也已经开始投入量产；至于意大利和西德陆军中，则仍然保有相当数量的美制M47/48系列主战坦克，那么SP70要选择豹I底盘，显然有着深刻而复杂的技术和政治原因。但这些原因究竟是什么呢？自然是要弄清楚的事情。

从技术角度来看，M47/48系列坦克当时正在逐渐淘汰，即便不考虑性能问题，将来的后勤保障也与现役装备很难通用，因此从一开始就被SP70项目排除在外。英军的"百人队长"虽然装甲厚重，但过于低劣的机动性和战斗行程，却完全与SP70项目的相关要求背道而驰，因为"百人队长"系列坦克大多安装650马力的流星发动机，而其车重在45吨左右，过低的马力/吨位比导致其最高速度往往超不过35公里/小时；同时，460升的燃油储备只够它行驶160公里。其最终型号MK13的内油箱的储油量即便已增加到了1000升，但其最大行程仍未超过190公里。在无可奈何的情况

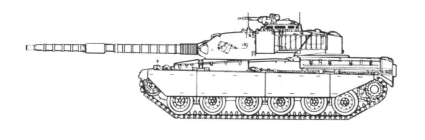

◄ FV4201 "酋长"式主战坦克虽然在现代化程度上较高，但过于低劣的机动性并不符合SP70的"全面先进性"要求

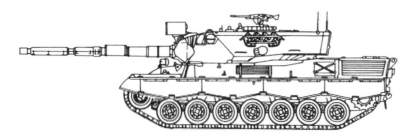

◄ 豹I主战坦克在设计上注重机动性，而只强调有限防护性的设计思路，对于SP70项目是较为适当的

▲ 挪威军队装备的豹I主战坦克，豹I几乎是1960～1980年代北约的标准型主战坦克

下，英国工程师甚至研发出了一种可以拖在坦克后面的单轮拖车，这种拖车可以载油910升，但在冷战正酣的1970年代初，这样的设计简直就是个笑话。

当然，英国人当时刚刚投入量产不久的FV4201"酋长"主战坦克，比"百人队长"的现代化程度更高，性能也更为先进，但其一样存在着过于偏重装甲防护而轻视机动性的问题（"酋长"坦克的车体装甲厚度80～90mm，在当时的二代主战坦克中装甲防护性能首屈一指，但初期型的发动机功率只有450马力，即便是到了1979年用于装备驻德英军的MK5型也仅仅有720马力，这样一来，在55吨的战斗全重压迫下，这点可怜的动力水平自然可想而知），同样并不符合SP70项目对于"全面先进性"的种种要求，因此也不是

一个理想的备选对象。

相比之下，豹I主战坦克在设计上注重机动性，而只强调有限防护性的设计思路，也许在坦克设计上颇有争议，但对于自行火炮来说却是极为恰当的：各型豹I车体防护性能只达到在1000米左右距离上，直接抵抗20mm动能弹药的攻击，不过这种装甲防护水平相对于只能勉强防御12.7mm口径机枪的M109或是阿帕特来说，已经是相当大的提升了，就自行火炮的标准而言，完全够得上"重装甲"这个格。而所谓有所失必有所得，薄弱的装甲防护却换来了出色的战术机动性：65千米/小时的最大公路速度，令其他同时代坦克汗颜。

另一点在技术上领先的是，虽然豹I与"酋长"的量产几乎是同时的，但可维护性特别是动力/传动系统的可维护性上，豹I却要

▲ 澳大利亚军队装备的豹I主战坦克

领先酋长一个时代：在野战条件下，4名乘员使用坦克抢救车，可在20分钟内将豹I动力传动装置更换完毕。而其速度较快的原因则在于，自设计伊始，其动力/传动装置的可维护性便被考虑在内，并为此采取了包括一体化设计在内的种种措施，具有相当程度的技术前瞻性，无论是作为坦克底盘，还是作为自行火炮底盘，这种先进的设计思想都是十分有益的，动力传动部分（不包括侧传动）与冷却系统结合为一整体，因而避免了这些部件之间的定位安装工作。这个整体部件装到车上后只须连接为数不多的燃油管、高压油泵操纵接头，传动和操纵部分的接头、电线等即可使用，这些连接部位（不包括侧传动的连接）的连接方式简单、可靠、易于操作。

而且这个整体部件与它在车上的安装支

架之间，采用销钉定位，省去了很花时间的对准、调整工作。至于全部紧固工作是在车外进行的，在底甲板的连接部位，从底甲板开窗口，伸入扳手紧固。与侧传动之间的连接是从主动轮中心孔伸入长杆套筒扳手紧固的。车体后顶装甲板与车体的紧固螺钉，除左右各有2-3个螺钉卸掉外，其余螺钉均不拆离顶甲板，这样在安装时的方便性就十分可观了。也正因为如此，从技术角度而言，以豹I主战坦克底盘为基础衍生SP70底盘，是十分明智的。

而从非技术角度来讲，在SP70项目的几个备选中，豹I主战坦克底盘的优势更大。事实上，就时代技术水平而言豹I的设计近乎理想，号称1960年代设计上最为成功的北约坦克，并因此在北约欧洲国家内分布甚广，远不是"百人队长"或是"酋长"所能比拟的：除了德、意两国将豹I作为自己的主要装甲技术兵器外，还广泛出口到澳大利亚、比利时、丹麦、挪威、荷兰、加拿大。到1972年SP70开始全面进入细部设计阶段时，豹I主战坦克总产量已达4200多辆，并仍在以每月19辆的速度走下生产线，成为战后仅次于美制M60系列主战坦克外，产量最大的西方主战坦克（甚至超过"百人队长"）。这样一来，无论是从后勤保障的通用性，还是SP70的潜在出口前景来看，将豹I主战坦克底盘的某种衍生型号用于SP70项目，都要远较百人队长、酋长更有优越性和合理性（比如，SP70将因此可以利用北约各国为豹I主战坦克建立起的后勤保障和训练系统，在使用成本上拥有难以抗拒的优势）。

▲ SP70以机动性极佳的豹I主战坦克底盘为基础，但动力/传动系统进行了进一步升级

## 先进的动力/传动系统

在设计上SP70战斗全重接近40吨，与豹I主战坦克不相上下，但机动性却被要求达到甚至超过豹I的水准（目的是能够与正在研制中的第三代主战坦克伴随作战），所以尽管SP70的底盘设计源于豹I，但考虑到豹I原有的MB838发动机与4HP-250传动系统已经不能满足炮车的机动性要求，所以西德莱茵金属方面选择了更新型的MB871与HSWL 283B动力/传动系统组合，SP70也因此与正在设计定型中的豹II主战坦克取得了较佳的通用性。

MB871在缸径、缸心距、气缸排列等方面，基本上保持了上一代MB837系列发动机的总体布置特征。两气缸排呈V型90°夹角排列，根据戴姆勒-奔驰公司的统计分析，认为这种90°夹角的气缸排列方式与V型60°、V型120°的相比，可以使发动机正面面积最小，也有利于在V型夹角内和发动机两侧安置附件，使发动机外形呈矩形，结构紧凑。在V型夹角内装有整体式Bosch（博世）喷油泵和

气门传动机构以及带回水集水管的排气管。排气管在气缸排外侧。在发动机外侧下方，一侧装有机油散热器和起动电机，另一侧装有发电机和带预热装置的机油箱。

MB871发动机进一步将自M837系列开始，军用车辆采用一体化动力装置的设计思想进行了深化；发动机在装车前就与传动装置和冷却系统预装成整体。该动力装置在生产线的试验台上须经过约15个项目的质量检验，合格后才整体吊装在坦克车体内。采用这种整体结构不仅有利于生产、安装和保证性能，而且还便于在战场维修保养和更换。通过总体布置使每一部件合理安置，保持发动机外形呈紧凑的矩形。理论上来讲，在使用了MB871后，SP70的整个动力装置总成在野战条件下更换所需时间仅15min，比使用MB838的豹I主战坦克还要缩短5分钟（豹I主战坦克的MB838/4HP-250动力传动组件备有快速脱开联轴器，在野战条件下能使整个动力传动组件在20min以内完成整体更换工作）。

MB871的燃烧室采用传统的预燃室，发动机工作较柔和，气缸最高爆发压力较低，发动机压缩比较高，燃烧室面容比（25%）合理。预燃室顶部温度较高，有利于惰转和

▲ *MB871发动机结构示意图（这种发动机后来也用于韩国的88式主战坦克）*

起动性能。至于气缸盖则采用一缸一盖的形式，气缸盖由铝合金浇铸而成。气缸盖高度较低，刚性较高。预燃室在缸盖中央，室内有预热塞，周围有2个进气门和2个排气门。铝合金曲轴箱和气缸体铸成一体。气缸套是湿式的。机油散热器外壳铸在气缸体侧面形成一整体。发动机自由端有与曲轴箱铸成一体的传动箱，箱内安装有11个圆柱斜齿轮。曲柄连杆机构采用锻钢曲轴，曲轴上有平衡块，表面全部经过机械加工并进行感应淬火。曲轴在箱体上有7个支点，采用薄壁多层滑动轴承。曲轴自由端装有硅油减振器。采用锻钢制成的并列连杆。为使连杆易于从气缸孔内取出，其大头端与连杆盖以斜切口结合，结合面呈锯齿形。

发动机活塞用可铸可锻硅铝合金锻造，装有3个气环、2个油环。顶部有4个气门凹坑。通过箱体上的油管对活塞进行喷油冷却。配气机构结构比较简单，在发动机全部工况下有较高的容积效率。凸轮轴在气缸排V型夹角内，推杆较短，摇臂刚性较好。凸轮轴由传动箱内一惰轮带动。供油系统采用V型供油泵，并有自动喷油定时装置，喷油提前角随发动机转速变化。空气滤清器刚性地固定在机体上，从而简化了进气管道。

空气滤清器由旋风式尘土预分离器（粗滤）和纸滤（清滤）两部分组成，保养周期为50h。保养条件是在平均功率为最大功率的60%时，含尘量不多于$1g/m^3$ SAE细粒。空气流量在标定功率时为6300米3/h在100千米行驶距离内滤尘量为27kg。空气滤清器体积占动力装置体积的9%。长期使用后对灰粒的吸收率仍可达到99.9%。排气管在发动机V型夹角外侧，每3缸共用1管，有4根排气管。涡轮增压器装有可调喷嘴，涡轮与压气机在全部负荷和转速范围内匹配良好，从而提高发动机加速性。

MB871的冷却系统颇具特色，主要是体现了紧凑性。发动机在38℃环境温度下能在全负荷工况下持续工作。采用一种环形散热器，中心装有吸风式离心风扇，热交换器部分由轻合金材料制成。为了保证空气能均匀流入环形散热器，减少压力损失，风扇叶轮周围

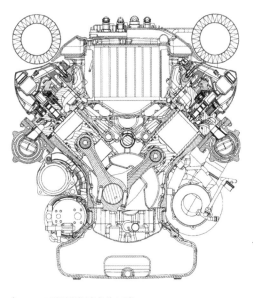

▲ *MB870系列汽缸夹角为90度*

有导向叶片环。冷却风扇的分离或结合由液压装置控制，液体流量通过1个冷却水温度传感器调节，从而控制风扇离合，保证不同工况下需要的冷却空气量。

豹2坦克冷却装置总体积约为0.926m³，重量约为525kg。冷却水最高温度可达110℃，并安装了电子调节装置和监控装置。通过限制功率和使发动机加速过程最佳化来防止发动机过热。但这种冷却系统的缺点是消耗功率较大，在标定功率时风扇消耗功率达162千瓦（220马力）。采用干式油底壳，高度较低，发动机曲轴中心线以下的尺寸比豹1坦克发动机械减少约60mm。油底壳内有2个回油泵、1个压油泵。当车辆在与纵向成35°和横向成25°倾斜位置时，润滑系统还能保证发动机正常工作。机油流量约为27.2 L/千瓦时，样机试验时使用S-1号机油。

MB873Ka-501发动机的活塞平均速度为15.2m/s，已超过一般活塞平均速度设计上限，这除了说明该发动机的气缸活塞环摩擦副的结构和设计是很成功外，MTU公司的油冷活塞润滑技术也是卓越的。M871的启动系统以一台18千瓦、24V起动电机起动为核心，有预热辅助装置，在-30℃时不需其他辅助装置即可起动；在-18℃时不需预热即可起动，但是在-40°时需用辅助加温装置方可起动。该发动机的发电机功率为20千瓦，电压为28V，由主发动机通过法兰盘连接加以驱动。在豹2坦克上还有1个9千瓦辅助发电机，由功率为16.2千瓦（22马力）的MWM4冲程双缸多种燃料发动机驱动。在SP70上有8个蓄电池，每个电池容量为125Ah，12V。

自1966年开始，MB871发动机在试验台上进行了各种类型试验和一系列如倾斜运转试验、高温过热试验、低温起劲试验 和在水中带背压试验等鉴定试验，还进行了多次装车试验，如在恶劣气候条件下的公路和越野行驶试验、耐尘土、耐热、耐寒试验、1000千米越野行驶试验……到1973年正式装上SP70样车时，连续行驶里程已达165000千米，技术上已经十分成熟。

不过，由于MB871在功率和扭矩特性上都与MB837系列发动机差异明显（MB837系列是德国在二次世界大战后发展的第一代装甲车辆系列发动机。全系列包括V型6缸、V型8缸、V型10缸和V型12缸4种基型发动机。以后由于缸径从165mm增加到170mm并采用不同的转速和增压方式共发展了10多种机型，功率范围为290～1103千瓦。豹I主战坦克装备的MB838CaM-500，既MB837系列中的10缸机），腓德烈斯哈芬齿轮制造股份有限公司的4HP-250传动装置已经不能很好地与之匹配，发挥出MB871的潜力，所以以伦克齿轮制造股份有限公司的HSWL 283B被选作SP70的传动系统，以代替4HP-250。

HSWL 283B传动装置是伦克公司HSWL系

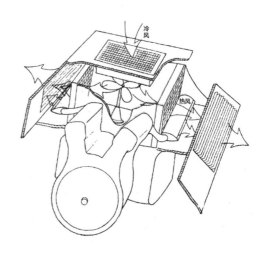

▲ 豹I坦克底盘的整体式动力/传动系统设计示意图

列传动装置中传递功率最大的型号，最初是为联邦德国与美国联合研制MBT-70坦克发展的，自1966年起到1973年年初，伦克公司先后研制了41台HSWL 283B型传动装置，其中1台做台架试验，40台装样车试验。台架试验运转8000h，最长一次试验时间为1200h。装车试验共行驶158000km，最长一次行驶18400km，显然与MB871的情况类似，当首批5辆SP70A型样车下线时，HSWL 283B传动装置也已经接近于成熟了。

具体来说，HSWL 283B型是"十字"型液力机械综合传动装置，由自控闭锁液力变矩器、正倒车机构、行星变速机构、液力-液压转向装置、液力制动器、汇流行星排和操纵装置等部件组成。所有部件均装在1个铝合金箱体里，净重2100kg，齿轮和轴都经过表面硬化处理或调质处理。其液力变矩器系二级涡轮综合变矩器，最大变矩系数为2.5。当传动装置处于液力工况时，需不停地向变矩器供油，此时从发动机传来的功率输入变矩器泵轮，通过油液传给涡轮输出，再经过正倒

车机构、变速机构向汇流行星排传递。非空档转向时，除变速机构外，转向装置也传递功率，两路功率在汇流行星排汇合，向侧传动装置传递，以驱动主动轮。液力变矩器泵轮还直接带动冷却风扇和油泵，后者可向液力变矩器供油，也可为转向操纵液压系统和润滑系统供油。为提高传动效率，当发动机转速超过预定值时，变矩器闭锁离合器可自动闭锁，同时停止向变矩器供油，此时液力变矩器整体回转，呈机械传动工况。

由于采用了HSWL 283B传动系统，SP70自行火炮的正倒车机构系由3个锥齿轮、2个行星排和2个片式制动器组成。主动锥齿轮与液力变矩器涡轮相连接，2个被动锥齿轮分别与正倒车机构的2个行星排框架相连接，行星排的齿圈分别与2个制动器相连接，为制动件，行星排太阳轮为功率输出件。由驾驶员控制2个片式制动器，制动2个行星排齿圈，实现正倒车。行星变速机构则系由3个行星排、3个制动器和1个片式离合器组成。当离合器分离时，操纵3个制动器中的任何1个可得到1

正在进行动力/传动系统整体吊装的豹IIA4主战坦克，SP70底盘也是按照同样的思路进行设计的

个档；当3个制动器同时松开时，结合离合器可得到第四个档。从理论上讲，SP70的正倒车机构可实现4个前进档和4个倒档。然而，为了安全起见，实际仅使用倒一档和倒二档。SP70使用的液力–液压复合转向装置包括液压转向和液力转向。液压转向部分包括变排量轴向柱塞液压泵和定排量液压马达。

　　液力转向部分包括2个转向助力用液力偶合器。轴向柱塞泵和液力偶合器泵轮油液力变矩器泵轮直接驱动。转向时驾驶员控制方向盘发出转向信息，调节液压泵排量及供油方向，需要时控制液力偶合器参与转向工作。液压泵马达传递的液压转向轼率和液力偶合器传递的液力转向功率在零轴上汇合。液压柱塞泵排量可以无级调节，即输出的液压转向功率可以无级变化，因而转向半径也可以无级改变，然而，转向轼率仅仅依靠液压泵和马达传递，因受液压泵和马达体积及重量限制难以满足转向需求需要增加液力偶合器帮助转向。

　　两个转向助力偶合器的泵轮安装在同一根轴上，其旋转方向相同，由液力变矩器泵轮直接驱动。两个转向助力偶合器的涡轮安装在同轴线的两根轴上，它们分别通过各自的齿轮与零轴连接，两齿轮对的传动比不同，两个助力偶合器的涡轮旋转方向也不同。坦克直线行驶时转向装置不工作，液压泵和马达闭锁，转向助力偶合器泵轮空转，零轴不输出功率。坦克向左或向右转向时液压泵和马达工作，由专用油泵迅速向左侧或右侧转向助力偶合器供油，使液力转向部分工作。在一般情况下，进行大半径转向或修正转向仅由液压转向部分工作完成转向。只有转向阻力较大时，单靠液压转向部分无法完成转向的情况下，才由液力和液压转向部分共同完成

▲ MB871与当时正在测试的豹II主战坦克MB873通用性很高

转向。是否需要液力转向部分参与工作，由驾驶员确定。

　　至于SP70采用的HSWL 283B传动系统制动器则安装在变速机构和转向装置之间，主要作用是吸收车辆动能、迅速降低车速，在高速行车时和持续下坡行驶时制动车辆，与机械制动器构成豹2坦克的制动系统。液力制动器的结构似同液力偶合器，泵轮轴车辆主动轮驱动，涡轮固定。泵轮搅动油液，将机械能转变成热能，由油液带到冷却系统散掉。

　　HSWL 283B型传动装置的液力制动器具有5147kW（7000马力）的制动能力。当车辆以30km/h以上速度行驶状态停车时，驾驶员踏动制动板，液压系统迅速向液力制动器充油使其工作，吸收车辆动能，降低车速。液力制动器动能力随车速下降而下降。当车速降至30km/h以下时，操纵系统控制液压系统制动机械摩擦制动器，完成停车制动。这样由于消耗于机械摩擦制动器的制动功率较少，磨损量小，可延长其寿命。制动过程中驾驶员仅需踩制动踏板，液力制动器和机械摩擦制动器的工作衔接问题由控制系统自动解决。理论上来讲，SP70自行火炮的制动系

统具有24500N·m（2500kgf·m）的最大制动力矩，可以使以时速65km行驶的炮车在3.6s内制动停车。

SP70的发动机功率经液力变矩器传递分成两条功率流，一条功率流从变矩器涡轮出发经变速机构传给汇流行星排齿圈，另一条功率流从变矩器泵轮出发以转向装置传给汇流行星排太阳齿轮，两者在汇流行生排汇合，从框架输出，驱动主动轮。直线行驶时转向装置不传递功率，液压泵和马达闭锁，液力助力偶合器泵轮空转，两侧汇流行星排太阳齿轮制动。转向行驶时驾驶员转动力向盘，转向装置工作，带动两侧汇流行星排太阳齿轮以相同转速、相反方向旋转，使一侧履带增速，另一侧履带减速，实现转向。液压泵排量能无级调节，坦克转向半径也能无变化。当液压泵排量

最大时，该档的无级转向半径最小。原位转向时所有操纵件全部处于分离状态，即挂空档，变速机构不传递功率。此时汇流行星排齿圈不动，两侧履带以等速、相反方向运动，在两条履带地面阻力相等的情况下形成以车辆履带几何中心为圆心的原位转向。

至于HSWL 283B/3传动装置采用GWS-2HR-A型双杆式电子自动变速器进行电液方式变速操纵。该操纵装置既可以由装置控制进行自动变速，也可由驾驶员用手操纵变速。车上备有1套机械式应急变速操纵装置，当电液式操纵系统失灵时由驾驶员用机械式应急变速装置挂前进二档或倒二档。转向操纵为机械式。操纵装置的工作电压为24V或28V。

总体而言，为了减少研制风险、降低费用和缩短研制周期，SP70自行榴弹炮尽量采

▲ 豹I、SP70与豹II在动力/传动系统上均采用了一脉相传的一体化设计，其动力传动部分（不包括侧传动）与冷却系统结合为一整体，避免了这些部件之间的定位安装工作。这个整体部件装到车上后只须连接为数不多的燃油管、高压油泵操纵接头，传动和操纵部分的接头、电线等即可使用，这些连接部位（不包括侧传动的连接）的连接方式简单、可靠、易于操作

用了现有成熟的部件，如采用FH70牵引式榴弹炮的炮身，豹I坦克的行动部分、"三防"系统、通风系统以及灭火系统，豹II主战坦克的主发动机（实际上同属MB870系列，该系列机型通用性达70%左右）、侧传动和驾驶员座椅、黄鼠狼步兵战车的传动装置组件等等。可发射北约现装备的各种155mm常规炮弹和核炮弹。同时，为了提高射程和杀伤力，还专门为该炮研制了新弹药，即英国研制的L15A1普通榴弹，西德研制的DM105发烟弹和DM106照明弹。这使该炮射击精度较高，弹着点散布面积只有同类火炮的一半，直射时的首发命中率也很高。再加上自动装弹机构配用电子和液压系统，弹药传输过程由微机处理控制，因此火炮操作方便、省力，供弹迅速，堪称一种技术特色极为鲜明的先进自行火炮。

## SP70自行榴弹炮的研制过程

当1972年7月17日，英德意三国签订研制、鉴定和生产SP70自行榴弹炮的备忘录时，正值FH70牵引式155mm榴弹炮的研制接近尾声，这为SP70研制工作能够取得实质性进展，奠定了一个坚实的基础，再加上底盘部分广泛的采用了现有部件，此举大大提高了整个项目的研制进程，于是至1973年3月，以首批5辆SP70自行火炮A型样车正式下线为标志，整个项目取得了一个重大的阶段性成果。而这辆千呼万唤始出来的SP70自行火炮样车，其真面目究竟如何呢？

制造SP70A型样车的目的，是验证一种射程远、射速快、机动性好、精度高、防护能力强，可用来对付装甲和非装甲等目标的155mm口径现代化重型自行火炮。其主战武器是一门155mm口径39倍径榴弹炮，由于直接采用了FH70火炮的现成技术，因此主要弹道性能与

▲ 试验场上的SP70 A型样车

FH70完全相同，弹药也完全通用。火炮装有双室炮口制退器，效率为30％。带环形紧塞具和点火管室的立楔式炮闩，可自动或手动开闩。炮闩装有电击发和机械击发装置。环（筒）形摇架上带有供后坐部分滑动的衬套，复进开闩用的开闩杠杆，不但结构紧凑、密封性好，而且由于断面刚度更大，更易于制造（筒型摇架通常是套在部分身管上的筒形铸件。在炮身的后坐和复进过程中，身管与摇架接触。在筒型摇架的内表面通常装有衬筒或衬垫，供身管滑动用。筒型摇架的设计应使衬筒或衬垫易于更换和加润滑油。筒型摇架的结构要适于把反后坐装置盛装在摇架外部，反后坐装置的活塞杆连接在身管凸缘上）。

至于液压组合式高低平衡机装有伺服补偿器，在每发弹射击后射角偏离规定射角时，伺服补偿装置将使射角恢复到规定值。方向机则装有带减速装置的高速液压马达和液压驱动闭锁制动器。反后坐装置由两个驻退机和一个复进机组成，两个驻退机对称地安装在火炮两侧。起落部分装在炮架专用衬套的耳轴上（带有两个支撑耳轴板的方形

件，用螺栓固定在炮塔前壁的开口处），能使起落部分连同托架一起由炮塔前面抽出，因而便于起落部分装卸和更换身管。炮架本身是用螺栓装在炮塔前面的开孔上。

由于火炮系统直接利用了FH70项目的技术成果，因此该炮发射的弹药与FH70完全通用，既可发射L15A1榴弹（这种弹尾部是凹陷进去的，起激波板的作用，高速气流流过尾部会产生激波，减少头尾的高低压差，继而增加射程，一般来说综合亚音速和跨音速性能，尾部的凹陷以0.5倍弹径为佳，理论上可以提升射程20%左右），DM10发烟弹和DM106照明弹，也可发射包括美国"铜斑蛇"制导炮弹在内的北约各种155mm和弹药（火炮共携带32发155mm弹丸和35个发射装药）。不过，与牵引式型号的FH70相比，SP70的火炮部分身管中部还装有用玻璃钢制成的抽气装置，以满足在一个全封闭的炮塔空间内进行射击使用的特别要求。

铝合金焊接结构的炮塔位于车体中部，通过钢丝座圈滚柱轴承装在车体上。炮塔顶部有发射药装填手和车长用的两个舱口，右舱口上安装一挺可环射的7.62mm机枪。炮塔两侧各有一个较大的舱门。炮塔上还装有烟幕弹发射器。炮塔本身由五块37mm厚的铝合金板焊接而成，焊缝少，有良好的密封性能满足三防性能的诸多要求，并保护乘员免受155mm榴弹破片、20mm及以下动能弹药的直接攻击。

整个炮塔尽管在紧凑性设计要求下，外形追求低矮，但由于没有炮塔吊篮，因此炮手和装填手仍可以以立姿工作。车长位于火炮右方，监视火炮方位和高低方向的数字显示器，并可通过座位上面的指挥塔舱口向外观察、操作机枪和由此舱口出入。炮长位于火炮右侧靠近瞄准装置，负责瞄准和操作火炮。装药装填手位于火炮的左方，负责准备和装填发射药。弹丸装填手位于右侧，负责操作弹丸、装定引信并监视装填过程（自动装弹机弹仓内带30发弹丸）。

该炮使用两种瞄准具，间接瞄准射击用的周视瞄准具，放大倍率4倍，视野180密位。另一个光轴与炮膛轴线平行的直瞄瞄准其，放大倍率6倍，视野10密位，可昼夜使用。而无论是直瞄镜还是间瞄镜，都带有电子倾斜补偿装置，通过传感器记录炮车的倾斜度，并直接转换成修正信号。此外，SP70A型样车还计划配备数据输入/输出装置及相应的显示器，英德意三国的炮兵射击指挥系统将能够通过该装置将射击指令传给SP70。

由于要求在"打了就跑"的战术下作战，因此快速而准确的急促射击性能对SP70项目至关重要。其作战性能指标是，在前10秒钟内射击3发，射速为6发/分，或者持续射速为2发/分。由于155mm制式炮弹的重量为43.5

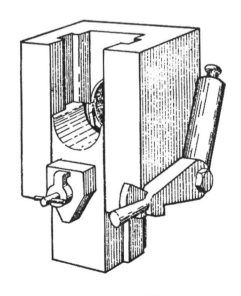

▲ **SP70**火炮起落部分采用的立契式闩体

▲ 正在进行射击试验的*SP70 A型*样车

公斤，手工装弹不可能满足上述射速要求，所以输弹系统是必不可少的。当然，在整个SP70项目中复杂而先进的自动装填系统显然是个重头。

输弹系统由五部分构件组成，其中四个构件置于炮塔和底盘的战斗室部分（弹箱、炮弹传送臂、待用输弹盘、装填输弹盘/装弹装置），另一构件是置于炮塔外的炮弹补充传送装置，用于装填弹箱。炮弹在弹箱内被置于三个水平的弹架上，每个弹架被分为两个室，便于炮弹和引信的装配。然后炮弹沿边路由拨弹爪拨到输弹机上，输弹机将其送至炮弹传送臂，传送臂绕有耳轴旋转，直至炮弹对齐炮管轴线，然后将炮弹送至待用输弹盘。待用输弹盘将炮弹提高至装填输弹盘，然后用液压装弹装置将炮弹送至炮尾。

SP70的底盘以豹I主战坦克底盘为基础，从前到后依次分为驾驶舱、战斗室与动力/传动舱三部分，至于直接取自豹II坦克的整体式三防装置和采暖设备，则安装在底盘左侧的装甲板内（维护保养方便，空气过滤器可从外部更换）。驾驶室在车体前部，驾驶员位置在左前方，采用豹II坦克的驾驶员座椅。座椅和方向盘的位置适宜，便于驾驶员工作。驾驶

员右侧是操纵台，上面装有监视仪表和控制按。战斗室居中，车长，炮长（瞄准手）和弹丸装填手位置在火炮右侧，发射药装填手位置在左侧。动力室则位于车体后部。整个底盘配有舱底水泵和涉水设备，具有一定的防水能力。至于设计中强调的辅助动力装置则由一台3缸柴油机，液压泵和发电机组成，功率为25.7kW，以便在主机关闭时为炮塔系统提供动力，达到延续持续作战能力的目的。

当然，尽管SP70的车体和行动装置直接照搬自豹I主战坦克，但发动机、传动系统、变速箱和侧传动又分别取自当时正在研制的豹II主战坦克和刚刚量产的黄鼠狼I步兵战车。具体来说，其行动装置包括每侧7个负重轮和7根扭杆弹簧、5个液压减振器、4个托带轮、1个带履带调节器的前置诱导轮、1个后置主动轮和1条履带。负重轮用轻金属材料制成，轮缘和轮毂用螺栓固定连接在一起，轮缘外挂有胶圈。在第一、二、三、六和七负重轮位置处装有液压减振器。车体两侧装有锥形钝头限制弹簧，用以限制负重轮的最大行程。诱导轮和负重轮可以互换。托带轮交错配置，第一、三托带轮支托履带外侧，第二、四托带轮支托履带内侧。履带宽550mm，履带板上挂有橡胶垫，履带板之间用履带销、端部连接器和中间诱导齿连接在一起。

为了进一步提高火炮炮车的机动性能，发动机由此前的MB838CaM-500，升级为自1966年既开始试验的MB870系列[①]中的1000马力级别8缸机型MB871。与MB838相比，MB871具有单位体积功率高、低速扭矩特征好、燃油经济性好、起动性好等特征。平均有效压力从0.81MPa（8.3kgf/cm²）进步到1.07MPa（10.9kgf/cm²）、排量从37.4L增加到47.6L、转速从2200r/min进步到2600r/min，因而使功率从610千瓦（830马

力）增加到1103千瓦（1500马力），进步87%。另一方面，通过减小进气管、喷油泵和睦缸盖尺寸以及改进油底壳等部件，使结构尺寸更加紧凑。单位体积功率从MB838型的388千瓦/m³（528马力/m³）进步到543千瓦/m³（738马力/m³）、比重量从3.1kg千瓦（2.3kg/马力）降低到2.04kg/千瓦（1.5kg/马力）。因而使SP70自行火炮具有比豹I坦克更好的加速性能：从零加速到32千米/小时仅需8.4秒。

由于发动机的功率和扭矩特性都发生了变化，SP70采用的传动系统也由4HP-250变更为更先进的HSWL 283B。值得注意的是，由于SP70采用的HSWL 283B传动系统，按时代标准在技术上是极为先进的：SP70不但可以实现原位转向，而且相对于4HP-250的人工机械式变速箱而言，HSWL 283B/3传动装置采用的GWS-2HR-A型双杆式电子自动变速器，对提升整辆炮车的持续战斗能力大有裨益，仅此一点，便在当时在研的所有同时代自行火炮中力夺头筹，处于时代技术的顶尖水准。

该型传动装置是伦克公司研制的HSWL系列传动装置型号之一，为液力机械传动，有4个前进档和4个倒档，可进行全自动或半自动变速操纵。该传动装置可以直接与发动机连接，也可以借助于连接件与发动机相连接，功率输入轴与输出轴相垂直，为"十字"形传动装置。功率从液力变矩器输入，经正倒车机构、变速机构和转向装置传递，在汇流行星排汇合后从框架输出。液力变矩器最大变矩系数为2.8，可自控闭锁，使车辆呈机械传动工

况。正倒车机构可以改变车辆运动方向，使传动装置有4个前进档和4个倒档。变速机构为行星式，加之使用了多片式摩擦离合器及制动器操纵件，使传动装置具有带负荷的自动换档性能。液力-液压复合式转向系统使每个档都有从最小规定转向半径至无穷大转向半径（即直线行驶）的无级转向能力。

该传动装置装有液力制动器，它是制动系统的一部分，其作用是吸收车辆功能，降低车速，当车辆下坡行驶时作辅助制动器作用。润滑系统包括车内油箱、油泵、滤清器、阀门以及油散热器。控制装置包括电控换档装置、机械式或液压式转向控制装置以及应急挂档装置。当电控失灵时可使用机械操纵装置挂前进二档或倒二档行驶。该传动装置有功率分出装置，可驱动液压泵向制动系统提供油压。该传动装置的任选设备有外部试验装置、制动作动系统、主动轮轮毂、传动装置支承件、排档选择器、电控装置、传动装置与车辆的连接电缆、操纵用齿型输出联轴器、停车制动器和侧传动装置。

在SP70自行火炮上该传动装置用联轴器与发动机和侧传动装置相连接，与发动机和冷却系统构成整体（支承在车体后部，带动2个冷却风扇，消耗功率162kW（220马力），不但为SP70在时代条件下拥有最出色的机动性能奠定了坚实的基础，而且在可维护性和战场保障性上，也走在了时代的前列。

从5辆A型样车的初步试验结果来看，SP70自行榴弹炮的性能无疑优于M109A2/3自

---

① 1960年代中期戴姆勒-奔驰公司设想完成一个单缸排量为3.31L、单缸功率为110.3千瓦、150马力的MB870系列发动机，功率覆盖面为662～1324千瓦/900～1800马力。系列包括的发动机有MB873ka（12缸）、MB872Ka（10缸）、MB871Ka（8缸）和MB870Ka（6缸）等机型。作为主战坦克动力的是MB870中的MB873发动机，而作为自行火炮标准动力的则是8缸型的MB871。

▲ *SP70 B型样车*

行榴弹炮，大部分性能也超过了法国当时同样正在研制中的新型AUF1式155mm自行榴弹炮（M109A2最大射程仅为18千米，AUF1在发射普通弹时的射程为23.5千米，而SP70则为24千米；尽管AUF1也以射速见长，但与SP70相比却仍然较为逊色；此外，SP70的性能优势还体现在机动性上，M109A2的单位功率为17马力/吨、AUF-1为18马力/吨、SP70则为23.3马力/吨）。总之，由于在试验场上表现出了机动性强、装甲防护性能优异、自动化程度高、射程远、方向射界大、可快速展开和集中火力，精度高、再加上采用新弹药，可以抵消华约火炮在这几方面所占的优势。因此，从火力、机动和防护的综合性能看来，SP70项目是当时世界上最为先进的现代化自行火炮（没有之一），也因此倍受瞩目。

自1973年首批5辆A型样炮下线后，英德意三国也对项目前景自信满满，计划在1980年左右正式定型并实现投产列装。而从1976年开始，根据对首批5辆A型样炮试验的结果，又试制了第2批7辆B型样炮开始进行更为广泛的射击和机动性试验。不过，这一轮深入试验的

结果却暴露出了相当多的问题，而这些问题大体说来主要集中在两个方面：一是车体出现金属超应力腐蚀问题；二是火炮输弹系统问题重重。鉴于此种情况，当时决定进行设计审查。审查结果决定，由英国负责整个输弹系统的重新设计和研制（原来由三方分工负责）。

然而，这一决定却使得SP70的研制进程受到了严重的负面影响，整个项目的装备期也因此被推迟到1986年中期。从1979年开始到1981年，英国方面先后研制了8种不同程度改进的自动装填系统，在5辆改进后的C型样车上进行试验，但一次次的试验结果表明，要达到规定的技术性能仍然困难重重……

此时，英、德、意三国军方本来已经对SP70项目的推进效率严重不满，但雪上加霜的是，英国国防部1981年经费延期支付，这预示着由于自动装填机构的原因，SP70的装备日期还要再推迟一年。结果，当1985年英国方面所负责的SP70自动装填机构，又一次在试验中失败时，整个SP70项目已经陷入了深深的危机中：此时，即便SP70自动装填机构存在的技术问题能够解决，按预计的时间进度，待SP70服役时也已经过时。

于是到1985年下半年，为了挽救这一项目，英德意三方对SP70的性能指标进行了修改，进一步提高其现代化程度，并于1986年2月，重新评价车体和炮塔设计方案，以满足修改后的性能要求。随后成立了三个以西德为首的国际研发小组。但后来三个研发小组提出的方案均存在着不少缺陷，这一挽救措施又告失败。于是在历经14年，耗资3.25亿美元之后，到了1987年1月，西德、英、意三方只得一致认为，暂时停止SP70项目是明智的选择，此时无论说辞怎样委婉，实际上都意味着SP70项目的最终命运已经决定了。

▲ 行军状态下SP70以一种尾部的行军固定器固定火炮

## SP70 155mm自行榴弹炮主要性能参数：

| | |
|---|---|
| 口径 | 155mm |
| 主要配用弹种 | L15A1底凹榴弹、DM105式发烟弹、DM106式照明弹 |
| 初速 | 827m/s（榴弹） |
| 最大设计膛压 | 440MPa（弹丸重43.5kg） |
| 最大射程装药量 | 11.32kg |
| 最大射程 | 普通榴弹24000m发射药装药号8；火箭增程弹30000m |
| 装填方式 | 自动 |
| 最小射程 | 2500m |
| 携弹量 | 32发 |
| 正常射速 | 6发/min |
| 急促射速 | 3发/10s |
| 持续射速 | 2发/min |
| 车体长 | 7637mm |
| 车体宽 | 3500mm |
| 车体高 | 2800mm |
| 身管长 | 39倍口径 |
| 车底离地高 | 400mm |
| 膛线 | 48条 |
| 缠度 | 20倍口径 |
| 发动机 | MTU MB871 |
| 药室容积 | 18.845升 |
| 后坐长 | 700mm |
| 发动机功率 | 735kW（2600转） |
| 炮口制退器 | 双室 |
| 炮口制退器效率 | 30% |
| 炮闩类型 | 立楔式 |
| 爬坡度 | >50% |
| 高低射界 | −2.5°～+70° |
| 方向射界 | 360° |
| 战斗状态全重 | 43524kg |
| 最大行驶速度 | （公路）68km/h |
| 乘员人数 | 5 |

# SP70失败的命运与苏联战略转变有关

理论上来讲，由于有FH70和豹I的技术铺垫，SP70自行火炮本来应该是一项成功的可能性很大的项目，无论是从技术上还是从经济上来说均是如此。然而曾经轰轰烈烈的SP70项目，最终却以失败的结局黯然退场，造成这个结果的背后原因则是复杂而引人深思的。那么，导致SP70失败的原因究竟是什么呢？

从SP70项目的整个发展过程来看，造成失败的直接原因有似乎两个：一、输弹系统的研制遇到困难；二、装备日期一拖再拖。但仔细分析下管理、设计、技术、经费、政治等各方面的因素，以及它们相互间的影响恐怕才是最关键的原因。

SP70自行榴弹炮项目从一开始就缺乏强有力的、稳定的、有权威的管理班子，虽然曾设立了一个由三国项目负责人组成的项目执行委员会，负责火炮的研制工作，但实际情况却是三方各自为战，缺乏集中管理和统一协调。另外，三个国家的项目负责人更换频繁，整个项目研制过程中，前后更换人数达20人之多，然而在他们在职期间几乎没有几个人对这个项目的来龙去脉有足够详细的了解，这对项目管理的连续性十分不利。这种混乱的管理局面，无疑影响了SP70自行榴弹炮的研制进程。这种国际长期合作项目，必须从一开始就建立一个强有力的、稳定的、有权威的管理班子，通过计划来监督项目的分工和发展。为便于集中管理，最好由一个主要的承包公司来负责整个项目的实施，然后通过签订合同，进行国际性的协作生产。

SP70自行榴弹炮项目的分工原则也不利于工程设计，造成有些设计的返工，影响了项目的进展。SP70项目的分工，是根据政治、经济的原则，而不是根据工程的原则来确定的。即根据项目三个参与国对该火炮的需求量，确定它们的分工。由于西德、英国、意大利对SP70的需求量为600：221：100，所以他们分别负责该项的56%、34％和10％的工作量。具体说来，西德负责提供底盘、动力装置、火炮装置；英国负责炮塔、输弹系统、瞄准装置和方向机；意大利负责辅助动力装置、燃料系统、平衡机和高低机。

项目分工未尝不可，但必须以有利于工程设计为原则，否则将是事倍功半，劳民伤财。例如自动装填系统的分工便是一例。自动装填系统由五部分构成，最初的分工确定由意大利、英国、西德三国分别负责其中的一部分（英国负责供弹机、弹仓和弹药补给装置，西德负责输弹机）。该装弹系统为液压式，其

▲ 身管正处于大仰角状态的*SP70 C型样车*

复杂的垂直和水平运动由微开关和微处理器控制和调节，故其结构比较复杂，而复杂性则带来了相应的问题：当射击时输弹系统处于应力下电子器件失效时，输弹系统易于阻塞，从而火炮在人工装填模式下射速降低，急促射击困难。可想而知，在如此复杂的结构设计下还采用如此琐碎的分工，几乎必然将使装填系统部件间产生不匹配问题。待设计审查时确定由英国负责整个系统的重新设计和研制时，已经耽误了数年宝贵时间。

同时应当看到，即便将自动装填系统转交英国全权负责，也仍然很难说是明智之举，这仍将造成进一步时间上的耽搁（从1980年起，英国研制了多个新的输弹系统，虽然性能有所改进，一些最初的问题得到解决，但在机械和电子器件方面却始终存在着可靠性不高的问题）。因为英国必须重新进行整个过程：重新设计、通过检验，然后进行装样车前的试验。而英国并不具备用以试验新装弹系统及其部件的参考样车——整个总装工作必须在西德进行。

此外，为了减轻整个火炮系统的重量，炮塔设计得相当小，因而，战斗室空间也很小，给自动装填系统的设计增加了新的困难。

直到1985年，还没有成功地研制出有效的自动装填系统。此时，SP70自行榴弹炮的研制便开始面临危机，这是造成整个项目下马最主要的直接原因。事实上，SP70炮塔的结构设计给输弹系统的研制带来了进一步的困难，输弹系统反过来又影响了炮塔的内部空间。这里需要十分巧妙的设计才能同时满足空间和效率的要求，而这种设计是十分困难的。

此外，为了减轻重量，SP70决定用铝合金来制造炮塔（纯铝没有多少优点，要使它具有装甲材料所需的特性，就需要将其与其他金属熔合成合金。于是在加工硬化铝板中加入锰，成为单位面积密度（千克/平方米或磅/平方英尺）与钢板差不多的铝板，其对小能量动能弹的抗弹能力至少不比钢差，而对榴弹碎片的防护力则要比钢强得多。虽然同等重量的铝合金装甲的厚度约为钢装甲的3倍左右，但在要求有同等防护水平时，铝合金装甲却不需要使用相同倍数的钢装甲厚度。

使用铝合金装甲代替钢装甲，在不降低抗弹性能的情况下，一般可减重20%左右。虽然铝的弹性模量仅为钢的1/3，但板材的弯曲刚度是其厚度的3次方函数，与防弹钢板同样重的铝合金装甲板相比，由于其厚度为防

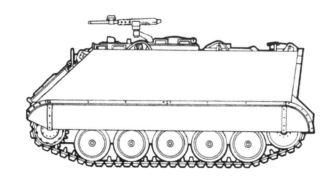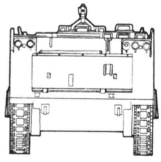

▲ **M113是采用第一代铝合金装甲材料——5083铝合金装甲板制造的典型装甲战斗车辆**

▲ *SP70* 第二阶段样车炮塔后部细节特写

弹钢板的3倍，其弯曲刚度则为防弹钢板的9倍。在车体结构设计中，为了保障结构刚度而设置的加强筋、加强框架等均可节约省去。一般装甲车辆，其装甲板的重量约占整车重量的25%～30%。因此，采用铝合金装甲可以使整车重量大大减少，然而，这最终却变成了一个设计上的失误。

在当时，负责设计炮塔的英国皇家兵工厂共有5083、7039、7020、7017等4种铝合金装甲材料可供选择。从制造工艺角度而言，5083铝合金可焊性最好，但由于不能热处理强化，焊接后的强度损失导致其防护性能下降（尤其是30mm以上的厚板多层焊，热影响区软化更严重），其强度和抗弹性能不及7039等另外3种铝合金装甲材料，如果要达到

SP70设计要求的防弹性能，需增重25%才能达到。

于是，在权衡之下，皇家兵工厂最终决定选择了可热化处理强化的铝–锌–镁系7017铝合金装甲材料来制造SP70的炮塔，这种铝合金装甲材料可焊接性接近铝–镁系的5083，但淬火敏感性较低，并可以通过自然时效恢复焊接热影响区损失的性能[1]，这对于制造需要重型防护的坦克装甲车厚装甲板来说意义重大。

然而，在后来样车的长期试验中却发现，SP70所用的7017铝合金存在着严重的金属超应力腐蚀问题（Al–Zn–Mg合金具有应力腐蚀敏感性。应力腐蚀晶间开裂不仅可由机械载荷的应力引起，也能由弹性范围的内应力引起。每种合金都有引起应力腐蚀开裂的

▲ 正在进行展示的**SP70 B型**样车

不同极限拉应力，低于该极限就不会产生开裂。铝合金中的Zn与Mg总含量是影响应力腐蚀开裂的重要因素。为获得必要的较高强度与抗弹性，象7017、7039这些合金的Zn、Mg含量较高，故其应力腐蚀敏感性较大，尤以在板材短横面的敏感性最大）。

虽然英国人为了解决这个问题，采取了极为复杂的工艺措施：如短横端面进行喷丸硬化或预堆边焊。可惜的是，这些工艺方法虽然对材料、尺寸、处理时间和工人技术水平都有严格的要求，但金属超应力腐蚀问题却仍然没有得到妥善的解决，而且还造成了车辆制造成本的攀升。

经费问题也是困扰SP70自行榴弹炮项目研制的一个重要因素。1980年代初，英国、西德和意大利均遇到了财政上困难，致使SP70自行榴弹炮发展经费严重不足。英国国防部就推迟支付1981年发展经费。此外由于技术的原因，导致设计上的变动，使SP70自行榴弹炮的成本不断增加，每门价格竟上涨到80～90万英镑。这对于财政困难的三个参研国来

说，不得不考虑以后的采购费用问题。因此，他们都削减了原来的订购数量，英国由221门减到96门，西德由600门减到400门，意大利只需要70门。

此外，试验中车体出现了金属超应力腐蚀问题，以3发10秒急促射速射击时，炮膛产生了严重的烧蚀。由于上述种种原因，SP70自行榴弹炮的装备日期几经拖延。原定1980年代初装备部队，但由于设计上的变动以及费用不断增加等原因，SP70自行榴弹炮的装备日期被迫推迟到1988年。1985年又对其性能指标进行了修改，致使装备日期再次推迟到1990年代初。

同样值得注意的是，SP70的原定服役期是1980年。SP70自行榴弹炮若能按原计划如期装备，那么其性能将比两个超级大国的任一种自行火炮都要优越。可是到1990年代初，但由于种种原因，SP70的装备日期一拖再拖，直至拖到90年代初。在此期间，技术和战术的发展使得SP70自行火炮正逐渐落后于形势。它既没有车上导航系统，又不具备自动瞄准装置。而且由于战斗舱空间太小而难以在今后加入这些设备。这一情况使得SP70不适合于"打了就跑"和分散火炮炮位的战术，这些战术现在被认为是提高作战效率的至关重要的因素。

相比之下，在SP70宣布"暂停"仅仅3年后，一种配有先进车载自动火控系统、自动定位导航系统，具有较高生存能力和反应速度的新型自行榴弹炮——美国M109A2/3 155mm自行榴弹炮的改进型，M109A6即开始列装。

① 焊接时，热输入会影响焊接区域的材料性能。5083合金的热影响区将会退火，其抗拉强度由原来冷作硬化板的350兆帕降到约280兆帕。但7017合金经约30天自然时效后可恢复原抗拉强度极限（435兆帕）的70%，即恢复到340兆帕。

而SP70自行榴弹炮却由于战斗室空间太小，难以安装全套完善的自动化瞄准/导航设备（所谓自动化是指自动传送射击口令或自动计算射击参数，自动定位定向，自动调整火炮的方向和高低等等。这里特别要强调的是车载导向装置，它能使自行火炮准确地测定自己行驶的方向和所在的位置，这就在很大程度上提高自行火炮独立作战能力），此外SP70的近距作战能力有限，32发弹箱对于在中欧前线作战显得容量太小等问题，造成了SP70的过时成为定局。

最后不可否认的是，1980年代中后期冷战形势的变化，恐怕才是英德意三国决心"放弃"SP70项目最为关键性的因素。在勃列日涅夫时代的苏联军事力量，奉行"积极进攻军事战略"。苏联军方曾经明确指出："苏联的军事学说具有进攻性"，苏军坚定地称："军事战略将是坚决的、积极的、进攻的。"这一军事战略是在新的历史条件下，苏联霸权主义的扩张野心和军事实力相结合的产物，是苏联全球扩张战略在军事上的体现。

这一时期，苏联的经济、军事实力增长迅速。到70年代初期，苏联的钢铁、石油、煤炭等的产量已超过美国，跃居世界首位；在火箭、空间技术、原子能和超音速飞机等方面也跃居世界前列。与此同时，苏军的武器装备不断更新，实力日益增强。苏联在战备核力量方面已取得了同美国的大体均势，苏美军事力量对比发生了"历史性的"变化。在这种情况下，苏联推行"积极进攻"军事战略，在军事建设上，以赶超美国为主要目标，全面争取军事优势。苏联认为，"军事技术上比敌人占优势是取得胜利的极为重要的因素"，并强调"国防问题处于一切工作的首位"。

这一时期，苏联以空前的规模和速度扩充军备，同美国展开持续而激烈的竞赛，并取得了重大进展。随后，又进入以质量竞争为主的新阶段。提出了全面发展核力量和常规力量的方针，强调"对核武器给予特别注意的同时，也没有忘记常规军备起着巨大的作用"，主张"把发展火箭核武器与完善'传统的'常规武器恰到好处地结合起来"，并要求"协调地、平衡地发展所有的军种和兵种"，力图在技术上、质量上赶超美国，谋求全面的军事优势，以增强同美国争霸的实力地位。

加强以欧洲为重点的全球战略部署，积极向外侵略扩张。苏联为适应争霸世界的需要，继续以欧洲为战略重点，优先加强该地区的军事力量，集中部署了总兵力的四分之三，基本上成战略展开态势，同北约军事集团驻欧军队保持重兵对峙。前苏联国防部长格列奇科于1974年5月在《苏联历史问题》杂志发表的一篇文章中声称："苏联武装部队现阶段的历史职能并不局限于保卫我们的祖国和其他社会主义国家……"苏军宣称："扩大苏联在军事上向外扩张的规模……在今天正被看作是国际关系中一个很重要的因素。"（引自Ｂ·Ｍ·库里什著《军事力量与国际关系》）

苏联领导人以"保卫社会主义大家庭的革命成果"为借口，散布"有限主权论"、"国际专政论"、"一体化"等，强化华约军事集团，加紧对其"大家庭"成员国的干涉。1968年8月苏联武装入侵捷克斯洛伐克，使苏联霸权主义发展到一个新阶段。在继续以欧洲为战略重点的同时，苏联还不断加强了在东线、南线及世界其他地区的军事部署。在东线，它一直在中苏、中蒙边境派驻重兵，保持对中国的军事威胁。1969年曾先后武装入侵中国黑龙江省珍宝岛和中国新疆铁列克提地区，制造了严重的边境流血事件。在南线，

▲ *行军状态（炮塔向后转向状态）的SP70第二阶段样车*

积极推行南下扩张战略，发动入侵阿富汗战争。并支持越南侵略柬埔寨。同时，在非洲等地发动咄咄逼人的攻势，先后利用古巴军队在安哥拉和埃塞俄比亚打代理人战争，在南也门等地策动军事政变，利用和制造混乱，进行渗透和颠覆，企图进一步削弱和排挤美国，巩固和扩大与美国争霸的势力范围。

在作战思想上，强调先发制人，突然袭击，连续突破，速战速决。苏军继承和发展了第二次世界大战时德国的"闪击战"思想，鼓吹先发制人、突然袭击是未来战争最有效的开战方式，"总是对进攻者有利"；火箭核武器的使用，使得突然袭击的作用"更加增大"，"突然袭击变成了具有最重要战略意义的因素，往往可以在极短的时间内决定胜败"（前苏联战略火箭军副司令格里戈耶夫语）。因此，主张向对方"实施先发制人的、突然的、毁灭性的打击"，一举瘫痪对方的防御系统和支持战争的能力；在大规模战略性进攻战役中，力求连续地将战术突破发展为战役突破，将战役突破发展为战略突破，"在尽可能短的时间内迅速地消灭敌人，夺取战争的胜利"。强调从战争一开始，确切地说，在最初几小时或几分钟就使用主要的军事力量，以便在最短的时间内取得具有决定性的战果，"在速决战中战胜侵略者"。

苏军认为，战争初期速决战取胜有以下好处：便于在对方进行战争动员之前就将其击败；便于夺取对方的战略资源，扩大本国的军事经济实力；便于夺取对方的战略资源，扩大本国的军事经济实力；便于对潜在敌人进行政治分化，各个击破，避免两线作战；利于在主要战区和战略方向上造成对敌人的绝对优势，在击败当面之敌后迅速转移兵力；便于造成既成事实，尔后转入占领或谈判。

然而在1970年代末1980年代初期，世界战略形势发生了显著变化。苏联内外困难加重，经济的长期疲软使其国力力不从心的弱点日益暴露；美国对苏联采取强硬政策，大力扩充军备，在世界各地对苏联进行反击。苏美争夺突破了1970年代以来苏攻美守的战略格局，呈现出互有攻守、战略僵持的态势，而且朝着有利于美而不利于苏的方向发展。在这种情况下，苏联军事战略上存在的问题和缺点日益突出，已明显不适应形势发展的需要。因此，在勃列日涅夫执政的后期，实际上已经出现了酝酿战略调整的种种迹象。最引人注目的是，当时任苏军总参谋长的奥加尔

科夫元帅就曾对军事战略的一些重要问题公开提出了不同的看法。

1985年戈尔巴乔夫当政，全局推行改革，他在军事方面的改革首先是改变军事政策，苏联开始奉行"足够防御"的新军事战略。在戈尔巴乔夫的思想指导下，苏联向世界宣言：苏联的新军事政策，对整个人类和世界文明的命运必须极端负责的态度，在处理国际关系问题上必须放弃战争和实力政策，奉行"防御性"的军事学说和"合理足够"的建设武装力量原则，通过裁军逐步降低军事对抗水平。以苏联为首的华约组织也发表宣言，确定把制止战争作为首要任务；在任何时候和情况下都不首先对别国采取军事行动，不首先使用核武器；不谋求军事力量优势，只将其保持再防御所必需的水平上。

苏联的军事政策制定之后，苏军总参谋长阿赫罗梅耶夫要求苏军："在具体的战略决策和战略行动中，在制定出发展联合武装力量的计划中，在联合武装力量的组织建设

▲ 1980年代中后期，苏联深陷阿富汗战争的泥潭，而美国却逐步从越战的阴影中开始走出

▲ 在阿富汗被击落的苏联直升机

和技术装备方面，在战役和战斗训练的实践中真正执行着防御方针"。由此以后，苏联奉行了十几年积极进攻的争霸战略，转入退却战略……而从"下马"时间上看，SP70的命运显然与苏联军事战略的转变密切相关：英、德、意等老牌资本主义国家敏锐地看到，此时在谈判桌上所能获得，将远远超过列装一种价格过份昂贵，但技术上却又有欠成熟的自行火炮所能获得的（按1987财年估价，SP70的采购价格已超过190万美元）……

## SP70项目的"身后事"

尽管SP70在1987年的"暂停"，被认为是英德意三国为寻求"体面"这一事实的委婉说辞。不过，作为一个历时14年，耗资3.35亿美元（1977年币值）的庞大军工项目，尽管项目本身最后的确以失败而告终结，但在整个项目

存续期间，取得了诸多技术成就却也是一个不争事实，这些技术成就是不可能被浪费的。

也正因为如此，当1987年1月14日，西德、英国、意大利三国国防部长联合决定，在未来某一时刻"重启"SP70项目之前，各国先自行解决自行火炮的换代问题时，那么可想而知，在这些"自行解决"的方案中，不可能不对先前在SP70项目中取得的技术成果加以利用（关于三方未来重启联合研制先进自行火炮的事情，某些观察家称为SP2000，而一些嘲弄者则干脆称为SP3000，但即便是SP2000，也多少暗示了这种只存在于空想中的新版本SP70的可能列装时间。也正因为如此，三国官方私下里，均将这种纸面上的未来合作计划视为无稽之谈，因为英德意三国更换陈旧的M109或是阿帕特已经迫在眉睫，若要到13年后才进行整体更换，显然是不现

实的）。于是，我们在SP70下马后的不长时间内，看到了一系列形形色色的自行火炮方案，它们身上或多或少都存有此SP70的影子，或者可以说是SP70不同程度的简化版。

首先来讲，作为一种应急措施，英德两国在1980年代初分别开始的两个M109改进计划：即M109UK与M109A3G，以及英国单独推出的另一种简易式自行榴弹炮系统GBT155，由于均采用了FH70身管和起落部分，因此可以直接视为SP70的最简化形式。不过，尽管这些方案在一定程度上提升了现有装备的作战效能，并延长了服役时间，但由于技术性能改进有限，应急措施的本质决定了这些方案难堪大任。于是，除了M109A3G获得了有限

的成功外，M109UK与GBT155则再无下文。不过，真正的大戏却才刚刚拉开序幕。

尽管原先只预定采购221门SP70（这一数字与西德的600门相距甚远），但到了1987年，英国却变成了SP70项目三个参研国中，对新型自行火炮需求最为强烈的国家。这其中的原因在于，英国陆军现装备的"阿帕特"105mm自行火炮在1990年代初即将全部到达使用寿命，而M109的装备数量本身又不够充足，导致英国皇家陆军的自行火炮装备严重不足。于是早在SP70还没有最终宣布"死亡的"1986年6月，英国国防部即在考察了美国鲍恩–麦克劳林–约克公司的M109MY（该炮在M109A2基础上改用47倍径身管。其优点是

▲ 由于英国陆军装备的FV433和M109A2都将在1990年代初陆续到寿命，当因此当SP70于1987年下马时，英国成为对新型自行火炮需求最为迫切的国家

## VSP91式155mm自行榴弹炮主要性能参数：

| | |
|---|---|
| 口径 | 155mm |
| 炮口制退器 | 双室 |
| 初速 | 827m/s |
| 炮闩类型 | 立楔式 |
| 最大膛压 | 440MPa |
| 供弹方式 | 半自动 |
| 高低射界 | -2.5°~+70° |
| 最大射程 | 24000m（L15A1）；30000m（M549火箭增程弹） |
| 方向射界 | 360° |
| 最小射程 | 2500m |
| 配用弹种 | L15A1榴弹；M549火箭增程弹；DM105发烟弹；DM106照明弹 |
| 最大射速 | 6发/min |
| 持续射速 | 2发/min |
| 急促射速 | 3发/10s |
| 发动机 | V型8缸477.94kW柴油机 |
| 身管长 | 39倍口径 |
| 战斗状态全重 | 43000kg |
| 膛线 | 48条 |
| 缠度 | 20倍口径 |

费用低，零部件通用性好）、英国皇家兵工厂的M109UK、英国维克斯造船与工程有限公司的VSP91与AS90A四种方案后，确定VSP91与AS90A为第二阶段考核对象（按照招标要求，上述四种方案都应至少部分达到SP70设计指标，但两种M109的改进型由于技术性能提升有限，出局实属必然），以作为SP70项目失败后的补救措施。

起初，在VSP91与AS90的对比中，VSP91的优势曾经一度非常明显，至于这其中的原因则非常简单：VSP91与SP70的血缘关系最为密切，除底盘外，其炮塔基本原封未动。具体来说，VSP91继续沿用了SP70的铝合金焊接式电回旋炮塔（炮塔内装有挑战者坦克使用的三防装置）。炮塔顶部安装1挺M2 12.7mm机枪，正面两侧各装有5具电击发烟幕弹发射器，火炮可携带的全部48发弹丸和50个发射药（32发弹丸存放在炮塔尾舱的弹仓中）、FH70身管/起落部分（该炮因此发射与SP70式榴弹炮完全相同的全系列弹药）、反后座装置

和摆动式自动装填机构的部分组件，但药包装填由自动改为手动，从而在一定程度上降低了系统的复杂性（火炮高低射角由电动控制，应急情况下可人工操作，在任何射角下都可用最大号装药发射，而无需用驻锄稳定）。

至于底盘部分虽然与SP70差异较大，实际上是以挑战者1型主战坦克的改进型底盘取代了豹I改进型底盘，但战斗室中置而动力/传动系统后置的布局则未加改变，仍然保持了相当程度上SP70的典型特征（驾驶室位于车体左前部，动力室在右前部，战斗室在后部。动力装置采用帕金斯.康多尔公司的V型8缸477.94kW柴油机，配用TN12型自动变速箱。辅助动力装置由柴油机和351A油冷无刷发电机组成。车体后部左边开有弹药补给舱门，用传送带将炮弹和发射药装药经此门送入车内。悬挂装置为改进的扭杆式悬挂装置。与SP70一样，这个英式技术底盘同样没有驻锄，因而可缩短行军战斗转换时间或战斗行军转换时间）。

值得一提的是，虽然由于简化的半自动装弹机降低了战斗射速，在一定程度上影响了VSP91的作战效能，但相比于原版的SP70，VSP91也通过安装动态环形激光陀螺基准装置、炮车运行传感器以及"菲斯"炮兵指挥系统接口扳回了不少分数（这些技术都是SP70所不曾具备的）。

不过，尽管VSP91身上的SP70血统最为纯正，然而所谓"成也萧何败也萧何"，越纯正的血统或许越容易引起人们的厌烦：SP70技术上的一些弊端和曾经不愉快的回忆从一开始就笼罩着VSP91，特别是过小的炮塔缺乏技术升级潜力而受人诟病。相比之下，尽管同样大量采用了SP70的相关技术，但经过大幅重新设计的AS90A却可以甩掉历史包袱轻装上

阵（AS90的主要承包商有英国的诺丁汉皇家兵工厂，负责基于FH70技术的39倍径155mm火炮的生产；美国的康明斯发动机公司，负责发动机和辅助动力装置；英国的航空测量仪器有限公司，负责行走机构）。

于是，随着对比的深入，AS90A的后发优势开始逐步显现出来（最初的AS90实际上是英国自用型的GBT155炮塔与一个动力传动装置前置布局专用底盘的结合体，后来经过不断完善，除了FH70火炮的身管和起落部分

**AS90A 155mm自行火炮主要技术参数：**

| 口径 | 155mm |
|---|---|
| 弹丸重 | 43.5kg（L15A1） |
| 最大射程 | 制式榴弹24700m炸药重11.32kg；火箭增程弹30000m发射药装药号8 |
| 最大射速 | 6发/min |
| 持续射速 | （60min）2发/min |
| 急促射速 | 3发/10s |
| 携弹量 | 48发 |
| 车体长 | 7000mm |
| 车体宽 | 3300mm |
| 身管长 | 39倍口径 |
| 车体高（含炮塔） | 3000mm |
| 药室容积 | 18.845升 |
| 车底离地高 | 410mm |
| 后坐长 | 780mm |
| 发动机类型 | VTA903T660型8缸涡轮增压柴油机（485.1kW） |
| 炮口制退器 | 双室 |
| 炮闩 | 立楔式 |
| 供弹方式 | 半自动式 |
| 高低射界 | −5°~+70° |
| 方向射界 | 360° |
| 最大行程 | （公路）420km |
| 最大行驶速度 | （公路）53km/h |
| 配用弹种 | 北约155mm制式弹药 |
| 爬坡度 | 60度 |
| 侧倾坡度 | 25度 |
| 战斗全重 | 42000kg |
| 通过垂直墙高 | 750mm |
| 炮塔重 | 13500kg |
| 越壕宽 | 2800mm |
| 涉水深 | 1500mm |
| 乘员人数 | 5 |

外，大量加入SP70的相关技术成果（特别是自动装填机构的某些部件），成为性能上较为接近SP70，但关键技术却成熟可靠的一个先进自行火炮方案）。最终，由于VSP91被认为过多的沿用了SP70的原始设计，技术风险过大，而AS90A则被认为在很好的利用SP70技术成果的同时，突出强调了成熟性和可靠性的设计思想，因此在1988年最终战胜VSP91，成为英国新一代自行火炮发展的原型。

至此，在SP70项目失败后，英国人的弥补方案已经尘埃落定（英国陆军1989年上半年正式决定用205门改进后的AS90式榴弹炮取代现役的阿帕特105mm和M109A2/A3式155mm自行榴弹炮。计划1992年初开始列装，首先装备英国陆军的4个阿帕特105mm自行榴弹炮团和2个M109A2/A3式155mm自行榴弹炮团，每团3个连，每连8门。按1989财年估价，每门生产型AS90约100万美元）。然而，同样面对SP70失败，德国人和意大利人又是怎么做的呢？

与英国人的行事风格不同，西德为了满足陆军未来的需要，是采取双管齐下的措施来填补SP70项目的下马所造成的空白。一方面，改进现装备的M109G式155mm自行榴弹炮，作为过渡性武器，使其服役期限延长到20世纪末。改进后的火炮被称为M109A3G，系M109G换装西德莱茵金属公司生产的39倍口径FH70身管改进而来。另一方面，利用SP70项目中取得的大量技术成果，着手研制一种2000年以后使用的新型自行火炮。

1987年10月，联邦德国国防部对新式自行榴弹炮提出了具体战术技术要求。这种自行榴弹炮必须具有以下性能特点：火炮必须在射程、口径、弹丸类型和其他设计要求方面与北约第39号基本军事要求规定一致；必须有理想的射程，发射普通榴弹最大射程达

▲ 英国战争博物馆馆藏的*AS90*样车

30000米，发射火箭增程弹或底部排气弹，最大射程达40000米；采用全自动装填方式，具有较高的爆发和持续射速；拥有60发的携弹量（包括弹丸和装药）；发动机前置；机动性与主战坦克相同；具有独立作战能力；全系统及所有子系统都配有手工操作系统，采用人工操作方式时精度和效能不受影响；配有三防装置；全系统及所有部件有较高的可靠性；火炮战斗重量不超过50吨级。

　　同年年底，联邦德国两个研制小组分别提交了发展155mm自行榴弹炮的初步设计方案。这两个小组是：由克劳斯-玛菲公司为首的南方研制组，包括库卡防御技术有限公司，波尔舍公司和莱茵金属公司；以维格曼有限公司为首的北方研制组，包括克虏伯·马克机

械制造有限公司。两个研制组的初步设计方案虽基本一致，但也各有特色。因此，1987年11月，联邦德国国防部与两个研制组签订了为期两年的样炮研制合同，决定各组分别设计和制造1门试验型样炮。在1990年10月进行竞争试验后，选定北方研制组的设计方案，开始进行下一阶段发展工作。

　　简单地说，北方研制组的设计方案火炮身管长8060mm，膛线部长6022mm。渐速膛线的缠度和深度与北约制式的39倍口径长身管的相同。但由于药室容积较大，膛线部较长，加上采用大号装药系统，因此火炮初速较高。后坐部分重3070kg，后坐力达600kN，起落部分重5250kg。样炮采用的多室炮口制退器与莱茵金属公司设计用于L7 105mm超低后坐力坦克

▲ M109A3G 155mm自行火炮

炮的炮口制退器相似。此外该炮还采用新型卡口式快速固定装置，用于身管，炮尾及反后坐装置的连接，从而使野战条件下更换身管的时间不超过30分钟。至于炮闩仍为传统结构的立楔式炮闩，但其闭气环有改进。与SP70采用的闭气环相比，新的闭气环可保证进入膛内的沙粒和灰尘量减到最少程度。另外，在炮闩后部装有新设计的30发底火自动装填装置。

尽管药室容量较大，但该炮仍以M549火箭增程弹为基准弹，兼容FH70的L15A1榴弹（最大射程30000米），DM105发烟弹以及DM106照明弹，并在发射Rh49底部排气子母弹时最大射程达到40000米。此外还可发射RB63子母弹，M483A1反装甲杀伤子母弹及M107榴弹，这些弹的最大射程均不超过30000米。发射装药将采用由6个模块构成的组合式装药结构，每个模块的装药量为2.5kg，其初速范围为300～945m/s，射程重叠量10%。北方研制组设计方案的炮塔采用了大体积构型，以便于贮存部分弹药。整个炮塔位于车体尾部，可360°回转，内有半环形弹舱（位于炮塔内前部），所有60发弹丸都存放在自行火炮重心附近，炮塔内后部存放67个发射装药。

至于北方组方案的底盘设计，则在相当程度上体现出了SP70的血脉：即仍以豹I主战坦克底盘为基础，但动力/传动装置由后置改为前置。不过，与底盘相比，北方研制组设计方案更能体现出SP70痕迹的是那套利用了之前的相关成果，但在技术上更为先进的全自动弹药装填系统。该系统由弹药自动装填系统和底火自动装填系统组成，采用全电操作，无液压设备。弹药自动装填系统位于炮塔吊篮的下面，由输弹导轨，带弹丸输弹器的弹仓、传送臂、输弹机组成，可在−2.5到+65度射角范围内进行弹药装填。借助输弹导轨内的定时装置，在输弹过程中可以自动装定电子时间引信。底火自动装填系统由插入式底火库、棘轮机构和计数器组成，安装在炮闩与炮尾之间。

事实上，由于这套装填系统比SP70更为先进，北方研制组设计方案的最大爆发射速因此能够达到3发/10秒，持续射速能够达到8发/分种，已经在这一最主要关键性能上超过了SP70（并且突破了"瓶颈"），可谓青出于蓝而胜于蓝，日后最终发展为大名鼎鼎的PzH2000（德国人计划在15年中（从1997年起）制造1254门这种自行榴弹炮。按1989财年的估价，每门火炮价格为185.6万美元）……

如果说，英国人与德国人分别通过自己的方式，在不同程度上"复活了"SP70。那么

▲ 北方研制组设计方案仍以豹I坦克底盘为基础

技术上较为薄弱的意大利人同样也做到了这一点，而且在时间上要比英国和德国人都要早一些。作为SP70的意大利简化版，奥托·梅莱拉公司在1977年就以一种不算厚道的方式，开始设计一种以出口为目的，整体设计与SP70极度相似，而且部分采用SP70技术的155mm自行榴弹炮——帕尔玛利亚。

具体来说，该炮由OF40型主战坦克底盘（可以视为德国豹I的意大利许可证版本），新的41倍口径身管和SP70的炮塔外壳组成（需要说明的是，这个41倍径身管并非是什么了不起的全新设计，意大利人不过是玩了个花活而已，这个火炮本身就是基于FH70技术的有限改进。这是因为一旦设计人员确定了合理的药室容积，除非出现特殊情况，否则这个参数在火炮的整个发展和改进周期中都将固定不变。因为一旦药室容积发生变化，就意味着整个弹

**西德"北方研制组设计方案"主要性能参数：**

| | |
|---|---|
| 口径 | 155mm |
| 炮闩 | 立楔式 |
| 最大初速 | 945m/s |
| 主要配用弹种 | M549火箭增程弹，LI5AI榴弹，DM105发烟弹；DM106照明弹，RB63子母弹，M483AI反装甲杀伤子母弹 |
| 最大膛压 | 335Mpa |
| 最大射程 | 普通弹30000米，火箭增程弹或底排弹40000米 |
| 装填方式 | 全自动 |
| 携弹量 | 60发 |
| 底盘 | 豹改进型 |
| 急促射速 | 3发/10s |
| 发动机 | MT881 |
| 最小射程 | 2500m |
| 身管长 | 52倍径 |
| 药室容积 | 23升 |
| 最大后坐长 | 700mm |
| 战斗全重 | 52000~53000kg |
| 炮口制退器 | 多室 |
| 炮口制退器效率 | 48% |
| 乘员人数 | 5 |

药系统结构都要重新设计，这是火炮设计人员所不能接受的。相对于药室容积的变化，火炮身管长度发生改变对弹药的影响很小）。

帕尔玛利亚自行火炮身管长6360mm，除炮口装有炮口制退器外，在距炮口三分之一处还安装有抽气装置。炮闩上的击发机构用电液压阀操作。电液压阀由按钮控制。反后坐装置为液体气压式，包括两个带防漏油补偿器的制退机和一复进机。两个制退机筒布置在身管的上，下部位，呈对角斜置状，复进机安装在身管下方左侧。平衡机和高低机合为一体，为液体气压式。其一端与摇架相连，另一端装在炮塔顶部，用于控制火炮的高低瞄准。

火炮的高低瞄准采用三种操作方式：手动方式——关掉液压和电动装置，用手动泵进行高低瞄准；动力方式——接上液压装置，通过控制手柄进行火炮高低瞄准；自动方式——在装定所需的射角的同时，通过伺服阀自动进行高低瞄准。火炮的方向瞄准通过液压操纵的齿轮进行。发射后，火炮能自动恢复到发射前的装弹位置.该炮可采用半自动装填，也可进行人工装填。半自动装弹机位于炮塔后部，能够从弹仓中选择所需的弹丸，自动将其送到输弹槽中。然后通过液压输弹机将弹丸送入炮膛，再用手工装填发射药装药，并关闩，火炮自动回到原来的射角位置进行发射。使用自动装弹机时，必须把炮身打到+2°位置，方可装填弹丸。

间接瞄准射击时，采用周视潜望镜，其放大倍率4×，视场9°。直瞄射击时，采用单镜式潜望镜，昼间瞄准放大率为1×（视场10°×26°），夜间观察放大率8×（视场9°）。该炮除可发射北约155mm制式弹药外，主要采用意大利西米尔公司研制的一族新型弹药。包括P3榴弹，P3底部排气弹和P3

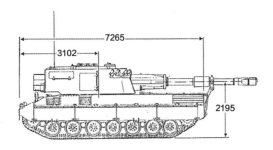

▲ 作为对AUF-1设计思想的一种借鉴，意大利同样基于现有的OF-40坦克底盘研制出了"帕尔玛丽亚"155mm自行火炮（在不久前结束的利比亚内战中，作为利比亚前政府军中最先进的火力压制武器，"帕尔玛丽亚"受到了北约战机的"重点照顾"）"凯撒"才是法兰西面对"52倍革命"的真正回应（不过，我们仍能在"凯撒"依稀看到TRF-1的影子）

火箭增程弹。P3榴弹弹体为特种钢制的薄壁结构，内装B炸药；P3底部排气弹是在P3式榴弹基础上发展的远程榴弹，弹丸重和炸药重均与P3榴弹相同；P3式火箭增程弹在尾部装有2.8kg的推进剂，炸药减少到8kg。该弹可增程25%，但威力降低30%；P4照明弹采用钢制弹体，弹丸重43.5kg，弹体内装有照明炬和降落伞；P5发烟弹弹丸重43.5kg，弹体内装有4罐发烟剂（共重7.9kg），最大燃烧时间为150s，1罐发烟剂在距炸点150米的距离处可遮蔽200米长，50米宽和10～15米高的区域。

炮塔为铝合金焊接结构，在外形设计上可以视为SP70炮塔的模仿，重12500kg。可360°回转，位于车体中部。车长座位在车内右前部。顶部有一向后开启的舱口，并安装8具潜望镜，可进行全方位观察。炮塔左右两侧各开有一个长方形舱口，安装有1挺7.62mm或12.7mm高射机枪。另外，炮塔两侧各安有4具烟幕弹发射器。炮塔内存放23发待用弹丸，弹丸放在炮塔后部成排安置的筒内。底盘内还有7发备用弹。

至于采用的OF40型主战坦克底盘除发动

机作了更换以外，其他都与OF40型主战坦克相同。车体由钢板焊接而成，驾驶室位于车体前部，战斗室居中，动力室后置，驾驶员座位在车内右前部，与辅助动力装置接近。车体底部还开有紧急进出舱口。动力室内安装有发动机，传动装置及冷却装置，为整体式组件，便于更换，发动机为MTU公司制造的M837系列4冲程8缸柴油机，但也可采用菲亚特公司的柴油机。冷却装置由恒温控制，散热器安装在发动机的正下端。该系统适用于沙漠地带，主要为阿拉伯国家用户设计。

传动装置为带液力变矩器和闭锁离合器的四速行星动力变速箱。其工作原理基本与豹1主战坦克的传动装置（ZF4HP——250型变速箱）相同。另外，也可采用奥托·梅拉拉公司制造的Renk自动传动装置。齿轮变速（4个前进挡，2个倒挡）由电动液压装置控制，制动系统为再生式，具有两个转向半径。行动部分与OF40型主战坦克的相同，有7对挂胶负重轮。每个负重轮各配有悬挂装置。前3个和后2个负重轮上都装有液压减振器。车体内还安装有自动灭火装置，辅助动力装置及三防装置。

虽然从技术角度而言，帕尔玛利亚较之英国AS90A或是西德"北方组方案"，是最为逊色的一个：这本质上是一个空有SP70外壳，但技术水准甚至不及M109A3G的"山寨"货。然而，由于技术简单进展极快，在宣传上又因名声在外的SP70项目而获益（号称"外贸版SP70"），这使这门山寨的低技术版"SP70"，却在外销市场上取得了相当不错的成绩。1981年3月新炮塔制成，7月炮塔安装在坦克底盘上进行了射击试验，1982年2月即开始小批量生产向国外出口，在10年时间内，共为利比亚提供了210门，为尼日利亚提供了25

▲ 意大利"帕尔玛利亚"（Palmaria）155mm自行火炮

门。此外在1985年3月，阿根廷还订购了25个炮塔用于搭配其生产的TAM中型坦克底盘。更夸张的是，该炮按1988财年的价格，每门外销单价居然高达91.9万美元，意大利人显然从中大大地赚了一笔，也算是在相当程度上挽回了因SP70项目失败而"损失"的投资……

## 结语

在1970年代一场华约可能发动的进攻中，首波投入的部队可能会包括驻白俄罗斯军

区和波罗的海军区的苏军各师、驻波兰的苏军和波兰师、驻捷克斯洛伐克的苏军和捷克师、东德部队和驻德苏军集群所辖苏军各师、总计约88个师。其中只需6小时即可动员完毕并转入进攻状态的力量是来自驻波兰、捷克斯洛伐克和东德的各师，总共有62个（包括33个苏军师、10个捷克师、13个波兰师和6个东德师）。显然，无论是88个师还是62个师都绝不是一支可以等闲视之的力量。其数目之大，令人闻之色变！也正因为如此，对于英德意三国为什么要在1970年代初决定在FH70项目的基础上，启动SP70项目的动因是不难理解的。

事实上，如果华约与北约要在中欧打一场暂不使用核武器的全面战争，整个战役实际上是一场争夺时间的较量（北约力图争取时间以处于较有利的地位，俄国人则力图争取时间以便在北约做到这一点之前就将其击溃），那么下面两种情况中的一种几乎肯定会发生：一种情况是，苏联的战略原则将获得完全的成功，北约部队几乎被打得措手不

▲ 陈列于英国帝国战争博物馆中的SP70 B型样车

及。边境附近的部队的行动受到阻碍，后方的部队则来不及进行整顿并有效地阻击敌人。其结果，这些部队将会被消灭，而苏联人将达成他们的企图，战争就此结束；另一种情况则是，北约和华约出于迫切的心态不约而同地会选择打一场"遭遇战斗"。这一概念特别受到苏联人的偏爱，他们对此有过大量论述（苏联人是喜欢打运动战的，而"遭遇战斗"则是运动战的一种常见形式）。

当然北约部队对"遭遇战斗"这个概念也并非一无所知。他们同样就此著书立说，并付诸实践——在火力、机动和防护性上追求"全面先进性"的SP70就是这种实践的一个成果。可惜的是，尽管FH70项目的成功，似乎给了SP70一个强有力的支点，然而过于苛刻的"全面先进性"要求，最终却还是毁掉了SP70，三国合作机制的阿喀琉斯之踵在这个过于复杂的大型项目上被无情的击中了要害。

# 第四章

# 战神的舞蹈：M777 155mm 超轻型榴弹炮

自人类进入工业化时代以来，西方国家长期占据着主导性的军事技术优势。而作为这种优势的延伸，自二战结束后，以美国为首的西方国家，逐渐形成了地面近距火力支援，以"航空兵力为主，地面炮兵为辅"的一种"倒挂式"局面。但也正因为如此，同向来秉承大炮兵主义的苏联华约集团相比，冷战时期的西方国家特别是美国，在炮兵建设的力度上相对滞后。这种滞后反映在装备的研发上，便表现为除了在自行火炮领域偶有亮点外，更加传统的牵引式火炮几乎被遗忘了。

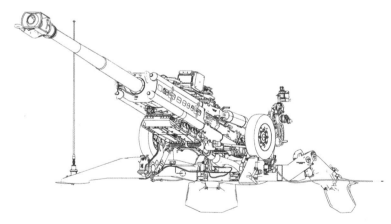

▲ M777牵引榴弹炮是世界上第一种在设计中大规模采用钛和铝合金材料的火炮系统，从而使得该野战火炮的重量是常规155毫米火炮重量的一半。该炮重量低于4.22吨，是世界上最轻的155毫米榴弹炮。M777具有低轮廓、高生存力以及快速部署和装载能力等特点，因此它可在最具挑战性的战场环境中快速进入发射阵地。M777不仅可用中型运输直升机吊运，同时还可由C-130运输机进行空投

不过，随着冷战的终结，美国人面临的战场环境发生了深刻的变化，以M777为代表的大口径超轻型牵引式榴弹炮近年来居然重获青睐。这难道是一种历史的倒退么？答案显然不是。不过要将事情的来龙去脉说清楚，却也并不简单。

## 缘起于英国L118超轻型榴弹炮

仅仅就战术层面而言，空地火力支援模式，在作战效能上要远远高于传统炮兵，即便是实现了机械化的装甲炮兵，也无法与"机动与火力"高度一体化的前线航空兵相比。然而，在这样一个大前提下：既要掌握地面战场上空的绝对制空权，还要能够有效压制对方地面防空火力，全盘的空地火力支援模式并不是谁都能玩得起的。

事实上，西方军事集团普遍享有某种程度的空中优势的确不假，但也只有美国人以强大的经济实力、科技实力为支撑，在符合美

▲ 从第二次世界大战至今，世界各国陆军的火力支援模式大致可分为两大类：一类是美军等为代表的空地火力支援模式，即以航空兵火力支援为主，炮兵火力支援为辅；另一类是苏军（俄军）等为代表的地地火力支援模式，即炮兵火力支援为主，航空兵火力支援为辅

军实施全球进攻战略的需要牵引下，才有能力（也有意愿）建设一支既能够夺取制空权，又能够在掌握制空权的前提下提供全面对地火力支援的强大空军。

至于其他的西方军事集团成员，受制于国力和国家战略目标，最明智的选择显然还是两条腿走路：一方面，在美国提供的强大空中优势保护伞下，于北约框架内尽情享受美式空地火力支援模式所带来愉悦；但另一方面，对于炮兵的建设却也不能像美国人那样过于漠视，即便不走向苏联华约军事集团"大炮兵主义"的偏颇，至少也不敢过份荒废（毕竟是以炮兵火力支援为主，还是以航空兵火力支援为主。两种模式各有千秋，并无优劣之分，都是根据各自国情军情的现实选择）。对于这一点，尽管国力不断衰落，但依然精明的英国人洞若观火。

也正因为如此，冷战中的英国人不但在装甲自行火炮领域下了一定的本钱和功夫，即便是更传统的牵引式火炮也没有放松。事实上，在英国人看来，105～155mm口径级别的师级牵引火炮虽然缺乏自行部署能力，但具有对后勤压力小，持久作战能力强的特点，而且价格低廉的突出优点更是十分适合英国的国情。如果能将牵引火炮的上述优势继续放大，并将重量削减到使其能够利用直升机实施空中战场机动的地步（准确地说是能够利用一切陆、空机械化手段实施最大限度的战略输送和战场机动，从1吨的"陆地漫游者"（4×4）越野车或其他 1～2吨吉普车、小型卡车或雪地牵引车牵引，到用"康曼多"、"海王"或"美洲豹"和"支努干"直升机吊运，再到"安多维"或 C-130式运输机空运、空投），弥补伴随性部署能力不足的最大短板，那么这样的牵引式火炮将是极有吸引力的。

▲ L118是火力、射程与重量的矛盾统一体

英国人是这样想的，也是这样做的。其结果便是一个划时代设计的诞生：L118 105mm口径超轻型牵引榴弹炮。之所以在L118身上会用到"划时代"这样一个字眼，绝非是一种过份的谬赞。与同级别的苏制D30 122mm牵引榴弹炮或是类似的东西方产品相比，L118在结构、材料乃至设计思想上实现了全方位的突破——在最远的射程与最轻的战斗全重间，实现一个矛盾却又统一的完美结合。

具体来说，首先为了满足火力性能的基本要求，L118采用了33倍径的L19A1炮身，单筒自紧身管用高强度钢制成，长3620mm，膛线部分长3210mm。身管寿命（当量全装药）3250发，安全系数为2，使用平均发射装药，寿命为8000发。其次，为了满足在战斗全重上的苛刻要求（包括行军部件在内，全配置火炮的战斗全重不超过2吨），L118在结构和材料上挖空了心思。

英军对L118在结构上的要求是简单，无防盾，无突出外伸部件，可靠性和可维护性良好，操作简便轻快，适于不同地区使用，但又

不要求作山炮使用，所以不需要进行分解，以保证良好的部署反应速度。为此高效率的双室炮口制退器采用了可拆卸结构，便于擦拭身管。立楔式炮闩在任何射角下只要拉动闩柄即可开闩。闩体拆卸和擦拭方便。电磁式击发装置装在摇架上，不受气候影响，防水、可靠性好。同时为了减轻重量，上架也用轻合金制成，装有高低机和结构简单的压缩弹簧式平衡机，可使火炮作左右各5°的方向转动。液体气压式反后坐装置也装在摇架上，包括复进机、制退机，采用可变后坐方式，大射角射击时不用挖后坐坑，高低齿弧操作可靠、维护方便。

至于大架则为马蹄形空心管状结构，用高强度耐蚀冷拉型钢制成。前部管壁厚约5mm，后部2.54mm，比普通开脚式大架轻90～130kg。开闩炮手和装填手可在大架之间操作，以确保火炮在各种射角时具有高射速。大架尾部配有制动器、身管行军固定器、牵环和驻锄。大架上的悬挂装置配有叠片扭力簧和减振器，在射击时悬挂处在工作状态，以提高射击稳定性，减小炮架承受的射击应力。

驻锄由驻锄钣、岩石地用驻锄和挖掘器组成，可适应各种射击方式和地形条件。值得一提的是，驻锄与座盘配合使用，可使火炮进行360°方向射击。而在不用座盘时，转动驻锄即可支承火炮射击。在坚硬地面上射击时，用岩石地用驻锄。在松软地面上射击时，驻锄配用挖掘器，可保证射击稳定性。圆形射击座盘同样用轻合金制成，重量较轻。射击座盘上有三根钢索，用以与下架连接。炮车轮可沿射击座盘外缘360°转动。

行军时，射击座盘固定在大架上。炮车轮采用9.00×16式宽轮胎，装有特制液压制动器，以保证用轻型牵引车牵引时的安全性。射

▲ 这张照片摄于2007年，一门在爱丁堡古堡作为礼炮使用的L118 105mm超轻型榴弹炮。英国国防部1956年提出研制新型105mm 榴弹炮，并提出以下战术技术要求：重量轻；射程远；结构紧凑；体积小；越野性能好；身管能回转180°固定在大架上；可直升机吊运；不要求在山地使用，因而行军时不必分解成几大部件。1966年开始研制，1969年制造出首批样炮，1971年在各种气候条件下和不同地形上进行了牵引试验和5000发射击试验，1972年完成标准环境膛压试验，1973年全部完成鉴定试验，正式命名为 L118 105mm轻型榴弹炮

击时，液压制退器也可由大架后的操纵杆控制。另外还配有手动控制器。L118的瞄准装置包括直接瞄准具和间接瞄准具。间接瞄准时，直接将射角装定在高低分划上。直接瞄准具内装有由氚照明装置照明的活动分划镜，用以计算射击活动目标时的提前量。

　　配用弹药包括北约制式105mm弹药的大部分型号，包括英制 L31榴弹、L42碎甲弹、L45发烟弹、L37红色发烟弹、L38橙色发烟弹、L43照明弹和 L41碎甲训练弹。上述弹药皆配黄铜药筒的L35和L36发射药及L10电底火。其中L35包括1～4、4.5和5号装药；L36则为强装药，用于达到15000m的最大射程。到1986年中期，皇家兵工厂又为该炮研

制了底部排气子母弹，将射程进一步提到了20000m，成为当时世界上射程最远的105mm口径榴弹炮，基本满足了师一级单位的火力支援需求，就其不到2吨的战斗全重而言，这是一个彻彻底底的奇迹。

## "马岛战争"与L118的扬名

　　尽管在设计和性能上的确独具匠心，然而在L118刚刚定型的1970年代初期冷战高峰，如此一种看似弱不禁风的所谓"超轻型105mm口径榴弹炮"，似乎是脾气古怪的英国人又一次大出洋相：除了能用吉普车和直升机搬运，并且在射程和火力上比同口径山炮略强外，几乎再也看不到其他优点。在北约面临华约上万

▲ FH70式榴弹炮是英、德、意于20世纪70年代联合研制的一种155mm牵引榴弹炮。该型榴弹炮由炮身、反后坐装置、摇架、装填装置、座盘、辅助推进装置和瞄准装置等部分组成，具有射程远、威力大的特点

辆坦克的压力下，英国人还要费心去搞这么一种"一无是处"的"小怪物火炮"，几乎等同于不务正业的开玩笑。然而，固执的英国人却依然在一片嘲笑声中我行我素。

1974年10月，L118式超轻型榴弹炮正式交付英国陆军，1975年英国陆军在皇家炮兵学校第19野战炮兵团组建第一个L118 105mm轻型榴弹炮连。该炮装备18个炮兵团，每团编制3个连，每连装备6门。不过，英军的批量装备，并没有改变全世界对这种"小怪物火炮"的看法：特别是这些复杂的目光，既来自铁幕

对面的敌人，也来自身边的北约战友。事实上，自诞生伊始，对L118的质疑声从来就没有间断过。显然，这种全新概念的火炮需要一个机会来展现自己。

1982年4月2日，马岛①这个长期在英阿两国间存在争议的岛屿，被阿根廷突然占领。然而"日不落"帝国虽已迟暮但却从未彻底陨落，二流强国依然是真强国。面对如此的危机，有着"铁娘子"之称的撒切尔首相马上表现出了钢铁般的意志，宣布立即与阿根廷断交，同时组成战时内阁，派出特遣舰队远征马岛，收复失地。英国上下也决心为了维护英国的尊严和颜面，要不惜一切去赢得这场战争的胜利。就这样，在定型整整10年之后，对L118来说一场恰如其时的战争终于到来了，这种曾经因"特立独行"而倍受争议的"超轻型师级火炮"，获得了一个证明自身存在价值的机会。

在当时英国陆军现有的炮兵武器中，"阿伯特"105mm自行榴弹炮看似较为适合参加马岛远征的地面压制支援火力，该炮采用L-37身管，能够在射程上与阿军M77 155mm榴弹炮相匹敌，且具有一定的装甲防护能力。然而重达16.5吨的"阿伯特"必须采用滚装运输舰才能进行洲际运输，这对日渐萎缩的英国海军来说是个难题，而且"阿伯特"上岸后在多山的马岛对地形的适应性也差。至于当时英国陆军拥有的另一种FH70 155mm牵引式榴弹炮，虽然具有射程远、威力大的特点，但高达9.3吨的战斗全重也令其难以在马岛这样地形恶劣的海岛进行洲际远程部署。所以从综合考虑的角度，重量轻火力却不弱的L118

▲ 在当时英国陆军现有的炮兵武器中，重量轻火力却不弱的L118显然是最合适的选择

显然是最合适的选择！

马岛战争的陆上作战从本质上讲可被分为两个截然不同的阶段和作战模式，第一阶段是在强大空军和海军支援下执行的旅级规模的两栖登陆作战，英国皇家海军第3突击旅在这一阶段作战中扮演了极其重要的角色，他们在圣卡洛斯地区的登陆成功使得马岛战争胜负的天平立刻向英国特遣舰队倾斜；第二阶段作战则是在海军和空军直升机支援下进行的新型的山地作战。就"超轻型师级

火炮"高度重视战场可部署性的设计理念而言，这两个作战阶段都处于L118所擅长的作战模式范畴内，事实也的确如此。

随着英国两栖集群（Amphibious Group）驶向马尔维纳斯海峡，马岛地面战斗在5月20日周四夜间正式拉开了序幕。起初，两栖登陆进展的并不顺利，舰队进入待机区域和部队上舰的时间都被拖延。"不惧"号船坞登陆舰的人员登陆艇运载着第40突击队，2艘通用登陆艇运载着4辆蝎式轻型坦克和弯刀装甲侦察车为步兵部队提供火力支援。和他们一起出发的是"无畏"号放出的4艘通用登陆艇（运载第2伞兵营）。在付出损失2架小羚羊直升机的代价后，陆战队员虽然冲上了滩头，并将全部三个滩头阵地逐渐连成一片，然而由于缺少重装备，再加上阿海空军的空中打击十分猛烈，刚刚上岸的一个半营，随时面临着被兵力上占绝对优势的阿地面部赶下大海的危险。

在这个关键时刻，皇家野战炮兵第29突击团的3个L118 105mm超轻型榴弹炮连开

◀ 1982年5月21日，圣卡洛斯湾投降的阿根廷部队丢弃的钢盔

始凭借装备上的特殊优势，利用阿军空袭的间隙，以英国皇家海军的9架"威塞克斯（Wessex）"直升机为机动载具，在极短的时间内被迅速吊挂上岸。而获得了18门105mmL118榴弹炮的强大火力支援后，海军陆战队员和伞兵们开始安下心来构筑环形防御阵地，最终建立起了一块小小的，但对整个英国特遣部队来说都至关重要的滩头阵地。至此，在舰炮、航空兵、防空兵乃至野战炮兵、装甲兵和步兵的密切协同下，英国人经历了从普利茅斯出发，到达万里之外的阿森松岛，然后又跨越3800海里波涛的万里远征，终于踏上了马岛的土地，并在这里牢牢地站稳了脚跟。

如果说，在第一阶段的两栖突击战斗中，英军的L118 105mm超轻型榴弹炮，更多地起到了一种心理而非实战性的意义。那么在马岛第二阶段的山地战斗中，全部的5个L118 105mm超轻型榴弹炮连则起到了至关重要的关键作用（马岛地面战转入了以夺取战役支撑点为主的山地战，英国皇家海军陆战队和陆军第5步兵旅一起与阿军展开了艰苦的逐山争夺。在这种山地作战中，比山炮更具打击威力，同时在可部署性上比山炮更佳的L118成了英军得心应手的山地利器）——高度灵活的可部署性被发挥得淋漓尽致，英军步兵几乎能够随时随地得到炮兵的支援。

1982年5月28日，作为占领斯坦利以西最高海拔地区作战计划最重要的一部分，在攻占肯特山顶峰的行动中，英国地面部队得到了2个皇家野战炮兵L118超轻型炮兵连的全方位密切配合。在1架皇家空军CH-47"支努干"以及5架皇家海军"威塞克斯"构成的混编直升机机群的帮助下，皇家野战炮兵第29突击团第7连的3门L118 105mm超轻型榴弹炮不断实施小范围蛙跳，在肯特山山脚下的几个阵

地中不断变换，用短促有力的炮火，为向顶峰发起冲击的SAS D中队、第42两栖突击营K连提供支援。

3天后，皇家野战炮兵第29突击团第7连剩下的3门L118 105mm超轻型榴弹炮又与第42两栖突击营L连一起，搭乘皇家海军的"威塞克斯"，从圣卡洛斯港出发，向肯特山边上的挑战者山实施快速机动，到6月4日，肯特山周边已经聚集起包括皇家野战炮兵第29突击团第7连、皇家野战炮兵第70突击团第3连在内的12门L118 105mm超轻型榴弹炮，虽然射程上的比阿军炮兵稍为逊色，但仍能凭借数量和发射阵位居高临下的双重优势，压制住阿军仅有的3门国产M-77 155mm榴弹炮（马岛阿军手中的3门M77是由阿根廷空军在冲突前用C-130运输机空运而来的），有效的掩护了第3伞兵营和第42两栖突击营在斯坦利防御圈外围构筑露天阵地的行动。

截止到6月10日，通过直升机的帮助，皇家野战炮兵在肯特山附近的各个阵地，集结起一支由5个L118 105mm超轻型榴弹炮连构成

▲ M-77/81型155mm榴弹炮由阿根廷国防科学技术研究院（CITEFA，Institute of Scientific and Technological Research for the Defense）基于法国AMX-F3 155毫米自行火炮使用的火炮研制，采用39倍身管，不发射底排弹的最大射程约24千米

的强大炮兵力量（英军地面部队指挥官汤普森准将决定要在攻击斯坦利防御圈外围山峰的作战中动用最大程度的炮兵火力支援，所以只要浓雾一旦散开或者风雪稍有平息，直升机就起飞为炮兵运送弹药，因此每门炮平均备弹高达1200发）。此后，不间断的炮击不但拔掉了许多阿军据点（并在2部炮兵雷达的帮助下，压制住阿军反击的炮火），为英军在残酷的战斗巡逻中逐步攻占各个山头创造了条件，而且也在一天一天地削弱着斯坦利防御圈内阿军的士气。

在6月11日晚攻占羊脊山的战斗中，皇家野战炮兵第29突击团接到了夜间作战直接火力支援的命令，一共有47个目标列入了攻击列表。在夜战中，该团共发射了3000发炮弹，其中一些落在了离友军部队仅50码的地方。让阿守军目瞪口呆。最终，在无法招架的英军炮兵火力打击下，阿守军士气几近崩溃，走投无路的阿根廷驻军司令梅南德兹少将于1982年6月14日向英国皇家海军陆战队的摩尔少将投降，9800名阿根廷军人成为战俘，马岛战争结束了。

可以说，马岛战争中的海空大战英国人实际上是打了个惨胜，但在后来的地面战阶段，凭借几十门L118愤怒的轰鸣，在抓到了9800名蓬头垢面的俘虏后，大英帝国终归还是画上了一个得意的战争休止符（阿根廷人投降了，放逐了曾被视为英雄的总统。从此，

▲ 1989年到1998年间，英国为本国陆军和国外用户生产了409门，澳大利亚特许生产了223门L118/L119式榴弹炮。此外英国还为瑞士陆军生产了93门特制的L127 105mm榴弹炮（主要是为了适应瑞士的105mm弹药，采用了L27A1身管，发射普通弹时的射程因此提高到了13700m）。按1989财年估价，每门L118/L119的价格大约为328413美元

▲ 由UH60"黑鹰"中型通用直升机实施外部吊挂机动的M119 105mm超轻型榴弹炮

世人慢慢忘记了那场惊心动魄、荡气回肠的战争，就是阿根廷人自己也忘记了曾有那么多儿女为了自己的国家而舍生忘死、热血一战！多年后，阿根廷人留给世人的印象只剩足球和经济丑闻了……）。也正因为如此，战前一度被质疑乃至嘲笑的L118打了一个漂亮的翻身仗，"超轻型师级支援牵引火炮"的概念也开始深入人心。

此后，L118开始成为国际军火市场上炙手可热的畅销货，全世界的订单纷纷接踵而来。澳大利亚、爱尔兰、新西兰、阿曼、阿拉伯联合酋长国、博茨瓦纳、文莱、肯尼亚、马拉维、摩洛哥都向英国政府提出申请，要求购买或是许可证生产这种曾经被各国军界长期误解的轻型火炮（高傲的法国人虽然没有向英国人购买L118，但却在一旁悄悄地开始了自己的类似项目。1984年法国地面武器工业集团决定在早先的LTR 105mm轻型榴弹炮的基础上，发展一种全新的不到2吨重的

105mm超轻型榴弹炮，最后定型为LG1，其设计上模仿L118的痕迹相当明显），即便是英国陆军自己也追加了179门的订货，一度濒临关闭的诺丁汉皇家兵工厂生产线又开始全速运转起来（L118式榴弹炮由英国诺丁汉皇家兵工厂生产，1981年本已完成英国陆军的全部订货，生产线即将关闭）。

不过，在对L118感兴趣的客户名单中，有一个买家尤为引人注目：作为世界上首屈一指的军事大国，美利坚合众国的名字也赫然在目。当然，这并不是没有原因的。一方面，L118在马岛的出色表现给美国军方留下了深刻印象，特别是能够由中型直升机吊挂的独特性能引起了美方的重点关注。另一方面，由于长期忽视炮兵装备的研发，以至于在当时美军轻型部队中，老旧的M102和M101A1 105mm榴弹炮已经开始退役，除1979年开始列装的M198 155mm牵引式榴弹炮外，再没有"旅-师"一级的地面身管支援火力了。重达

7吨的M198虽可以勉强由CH-47D或CH-53E等重型直升机吊运，但受制于可用的机型不多，在战场可部署性上并不理想，无法完全满足空降师、空中机动师和轻型步兵师对火炮重量及运输性能的要求，因此对于L118这种重量仅仅2吨左右，火力性能和射程又尚能接受的"超轻型师级支援牵引火炮"的有着一定的现实性需求——在必要的战场环境中，作为M198 155mm牵引榴弹炮的有益补充。

既然有着美方实质上的需求牵引，英国人当然也有向这个铁杆盟友出售成品乃至技术的意愿，在两厢情愿之下，L118的对美出口，乃至许可证技术输出也就顺理成章了。不过，为了适应美国人手中大批库存的M1系列105mm弹药，英国人对L118进行了一定程度的改进，主要是换用L20A1炮身，单室炮口制退器和机械击发装置。身管较原先的L19A1略长一些，内膛36条膛线，膛线长2779mm，缠度35，身管自紧镀铬，当量全装药寿命1750发。最大射速15发/min，持续射速3.5发/min。使用3号发射药，最大射程为11500m，而如果采用当时正在研发的底排弹，最大射程有望超过28km。

出于商业上的考虑，英国人最终决定将改进后L118称为L119。1984年美国陆军从英国采购了6门L119样炮，1985年又采购了14门经过进一步改进的L119样炮。在进行了为期2年的严格鉴定试验后，美国国会批准向英国购买L119的生产许可证，并以M119A1的制式型号在国内进行生产：其中沃特夫利特兵工厂生产身管部分，岩岛兵工厂则负责生产炮架。就这样美国陆军在炮兵装备上一举跨入了时髦的"超轻型师级牵引火炮"时代（美国陆军决定M119A1榴弹炮总采购量为542门，装备轻型步兵师和快速反应部队，而在产量达到需求之前，将先从英国采购33门用于训练）。

## 从XM777到M777A1：曲折中的艰难前行

对于美国陆军来说，最初对于M119的引进不过是一个小花絮，作为一种能够满足特种需求的补充性装备（作为M198 155mm榴弹炮的一种补充），在冷战的大背景下实际上扮演着可有可无的角色。然而，不久事情却起了翻天覆地的变化。随着1991年12月25日克林姆林宫上飘扬了74年的镰刀斧头旗黯然飘落，美国军事力量也一度丧失了建设的方向感。而这种方向感的丧失，体现在炮兵装备的建设领域，则表现为曾经被寄予厚望的"十字军战士"自行火炮系统，其研发进度先是被大大的减缓（早在1987年该项目就已经被提出，但直到2000年才造出第一辆样车），然后量产被一推再推的拖延到2005年，最后干脆在2002年5月，以超重和预算超支这类整脚理由，取消了整个已经耗资110亿美元的项目。"十字军战士"的撤销，却使美军炮兵建设彻底陷入了迷茫：美国陆军和海军陆战队的师一级身管炮兵装备，实际上只剩下了自行化的M109A6"帕拉丁"（1994年开始装备部队）和牵引式的M198两种155mm炮。这就使情况变得复杂起来。

▲ 美军装备的M119A1 105mm超轻型榴弹炮

▲ 在M777 155mm超轻型榴弹炮已经服役的今天，M119 105mm超轻型榴弹炮在美军中仍然保持着一定的生命力，第一门全新的M119A2于2007年4月完成交付

被撤销的"十字军战士"虽然号称拥有3倍于M109A6"帕拉丁"的作战效能，但作为脱胎换骨式的重新设计，M109A6的性能也不算是能闲之辈（较之M109系列中的任何一种型号，M109A6综合作战性能已达到了相当高的一个水平，以至于不少军事专家认为M109系列自行火炮的潜能已经挖掘殆尽，能力已达极限，再进行改进已无价值和可能），仍然能够保证美国陆军重装部队的机械化炮兵拥有一种世界级水准的先进准备；那么主要

装备轻装师、空降师以及海军陆战队的牵引式M198，则已经明显无法满足新军事形势下的使用要求了：其7.143吨的重量不能适应美军地面部队更轻、更快、更灵活的要求面临着淘汰（冷战即将结束时爆发的海湾战争中获得的实际经验也证明了这一点，M198在射程、射速、精度、机动性、威力和反应速度等方面，落后于华约部队相应的炮兵装备）。

在如此严峻的局面下，寻找一种比M198更轻、更容易部署同时打得更远的155mm牵引式榴弹炮变成了美军的迫切需要。不过幸运的是，由于拥有一定数量"试用装"M119A1 105mm超轻型榴弹炮的使用体验，美国军方在短暂的迷茫后，很快就清醒地认识到了正确的道路究竟在何方。

事实上，当年在获得了几门英国原品的L119样炮后，美国人一边惊奇地把玩着手中这个曾经在马岛大出风头的小玩艺，一边半真半假的向英国人试探：是否可以利用L119的技术，联合研制一种155mm口径的超轻型师级榴弹炮？我们对于美国人当时究竟有多少诚意并不清楚，但至少英国人却很拿美国人的这个建议当回事（当然，英国人的如意算盘其实是，至少可以凭借美国人的资金解决英

▲ 如用运输直升机吊运，需要将远程M777火炮系统分拆成车与炮两部分。用运输机运，C-17"空中霸王"一次可运3辆，A400M一次可运2辆，C-130"大力神"一次可运1辆。置放在牵引车尾部的火炮可很快进入战斗状态

德联合研制的FH70 155mm牵引式榴弹炮的换代问题）。

于是，在1985年根据美国陆军武器研究发展与工程中心提出："重量不超过4082kg，能由中型而非重型直升机实施吊挂机动，火力性能优于M198式火炮，并在各种作战条件下具有良好的射击稳定性"，这样一个并不算详细的设计要求后，由美国鲍恩-麦克劳林-约克公司和英国皇家兵工厂联合成立项目小组，以L118为技术原型，展开了155mm超轻型师级支援火炮的研制。然而两国的合作刚刚开展了1年多，取得了一些概念性进展，美方缺乏诚意的尾巴就暴露了出来：以缺乏资金为理由，单方面宣布中断与英国方面的合作。

不过幸运的是，英国皇家兵工厂方面并没有因此而将整个项目打入冷宫，相关的研究仍在低速推进，而英国皇家兵工厂的"东家" 英国维克斯造船与工程有限公司也认为，继续发展155mm超轻型师级支援火炮，在国内和国际市场上的前景还是相当光明的（美国方面2000多门M198的替换缺口就在那里摆着，如果再加上英德两国FH70的换装数量，155mm超轻型师级支援火炮的潜在市场份额相当可观）。于是于1987年5月，维克斯造船与工程有限公司通过英国政府致函美国陆军武器研究发展与工程中心及美国陆军野战火炮中心，建议由英方发展一种155mm超轻型榴弹炮，供美国试验选择。而美国人认为英国人的提议至少没什么坏处，于是许诺将会提供一部分研究经费。

就这样，1987年9月英国皇家兵工厂的设计小组重新成立，并在获得了来自美国陆军武器研究发展与工程中心以及英国国防部提供的少量研制经费后，开始制成火炮全尺寸

▲ 当年在获得了几门英国原品的L119样炮后，美国人一边惊奇地把玩着手中这个曾经在马岛大出风头的小玩艺，一边半真半假的向英国人试探：是否可以利用L119的技术，联合研制一种155mm口径的超轻型师级榴弹炮。这便是M777 155mm超轻型榴弹炮项目前的最初起源

模型，绘制了加工图。由于155mm口径超轻型榴弹炮的技术要求高于L118/119 105mm口径榴弹炮，特别是需要许多钛合金部件（钛合金材料技术成熟，具有刚性好、抗腐蚀性能好等特点，所以火炮的主要部件均由挤压成型的钛合金制成，每门火炮大约需用1吨钛合金。事实上，除个别零部件，如轴承表面必须采用普通钢或合金钢制造外，其他零部件都采用铝合金或是复合材料和玻璃增强塑料等轻型材料制成。只有身管和一些联结部件是钢材制品。

据称，全炮共使用了960公斤钛合金材料，占全炮重的25.63%。但是，由于钛的价格比较贵，在研制该炮时要尽可能合理、高效地利用钛合金材料）。所以在1988年3月

完成基本设计后，维克斯造船与工程有限公司将摇架制造合同转包给伯明翰的邦廷（Bunting）钛金属公司，而其他部件（包括炮架）则转包给邦廷钛金属公司和谢菲尔德钛加工厂，运动体部分转包给艾尔洛格（Airlog）公司，炮身转包给沃特夫利特兵工厂。1989年5～6月间，第一门样炮的起落部分安装在试验台上，7月在埃斯克米尔斯（Eskmeals）进行了首次论证射击试验。同年9月下旬，第一门样炮起落部分安装在炮架上，10月在美国陆军协会展览会上正式亮相，并被美方非正式的命名为XM777。

可惜的是，尽管英国方面的样炮研制可谓神速，但当样炮送到美国后整个项目却因各种原因（特别是冷战的结束引起的军备计划削减）被严重拖延了。按照原计划，整个项目应从1990年开始分两个阶段进行发展：第一阶段（1990年）为试验阶段，美国陆军和海军陆战队从1990年1月开始在美国对两门样炮进行为期9个月的联合射击试验。而第二阶段（1990～1994年）则为定型阶段。经试验后如果被选中，美国陆军计划将于1994～1997年期间进行批量生产，以全面取代美国陆军轻装师现装备的M198 155mm榴弹炮，以及大量分布于国民警卫队的 M101与M102 105mm轻型榴弹炮。美国海军陆战队也计划采购610门，从1997年开始装备12个作战营和3个预备营，到2000年左右全部换装完毕。至于英国陆军则打算在 2005 年前后用这种155mm超轻型榴弹炮取代现装备的L118 105mm超轻型榴弹炮和FH70 155mm榴弹炮。然而，实际情况却是，截止到1999年12月，XM777仍然没有完成

▲ 如用运输直升机吊运，需要将M777火炮系统分拆成车与炮两部分。用运输机装运，C-17 "空中霸王" 一次可运3辆，A400M一次可运2辆，C-130 "大力神" 一次可运1辆。置放在牵引车尾部的火炮可很快进入战斗状态

定型，曾经计划中的量产更是遥遥无期。

不过，进入2000年以后，由于"十字军战士"下马的呼声越来越高，而2001年9月11日的恐怖袭击事件又促使美国军事战略向全球范围内的反恐战争进行转型，但阿富汗的地面作战却暴露出M109A6在战略部署和使用上的诸多不便，而M198的表现也同样因为重量过大而难如人意，因此美方对超轻型XM777的重视程度有所增加，项目进度开始加速。2002年11月，美国与BAE系统公司签订了价值1.35亿美元的合同，用于低速小批量生产，被称为XM777E1的预生产型。随后的2002年，"十字军战士"项目正式宣布下马，美军炮兵建设遭遇重创，而2003年打响的第二次伊拉克战争中，美军轻装师所装备的M198 155mm牵引式榴弹炮，又再次被证明已经完全无法适应新形势下的美国军事需求了，美军身管炮兵的状态不佳，而且已经滑落到了一个危险的临界点。

伊拉克战场上得出的经验表明，美军司令部低估了部队对各种支援火力的需求，同时高估了空中支援部队的能力。在城市作战中，特别是像101空降师及82空降师这样的轻装部队，需要强大的近距离地面火力支援，用来对付藏身在坚固作战工事及建筑物中的伊拉克人。这时，最为有效与便捷的方法便是请求炮兵火力支援，然而，当时美军实际面临的情况是，身躯庞大的M109A6在城市战中几乎难以部署，而需要重型直升机或是中型卡车才能实施机动的M198与轻装部队的火力伴随性同样不佳，这使作战部队在遭遇敌强大火力时，如果无法在第一时间得到空中支援的话，除了手中的M4步枪，唯一能依靠的只剩下60mm和81mm迫击炮……美国士兵因此吃够了苦头。在这种情况下，已经被拖延了近

10年的XM777项目终于走上了快车道。2003年11月21日，XM777项目正式宣布定型为M777（在此之前，部分XM777E1样炮在伊拉克战场上进行了实战测试），并从2004年1月起，开始装备美国海军陆战队和美国陆用，用于全面取代老旧的M198 155mm牵引式榴弹炮。

## M777的主要技术特点

作为轻型步兵师、空中机动师以及海军陆战队等轻装快速反应部队近距作战的主要装备，M777在设计上吸收了大量L118/119 105mm超轻型榴弹炮的特点（甚至是完整的部件，如与M119完全相同的瞄准具，即M198 155mm火炮的周视瞄准镜和M40 106mm无后坐炮的直接瞄准镜），但同时又有所创新，按其研制方英国皇家兵工厂（在M777A1定型时，英国皇家兵工厂与其控股公司维克斯造船与工程有限公司已经全部合并进了英国宇航BAE）的评价是"与其说是榴弹炮，不如说更像有后坐的迫击炮"，而且由于大量使用钛合金材料，这使其技术水准达到了航空技术级别。

具体来说，首先为了满足火力和射程上的高标准需求，并且兼容符合两次北约弹

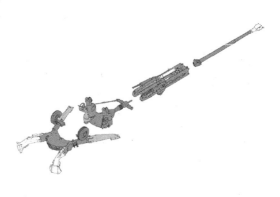

▲ *XM777 155mm超轻型榴弹炮结构分解图*

道谅解协议标准的大部分现有155mm弹药，M777的M776式炮身由美国 M109A6 155mm自行榴弹炮的M284炮身改进而成，炮身全重1900kg。与 M284炮身相比，M776炮身内弹道性能不变，只在其外部结构作了一定尺度的改进。如牵引环与炮口制退器结合为一体，置于炮口制退器下部；身管中间有较长一段平直部分，以便身管沿着摇架前端支承面滑行；炮身可90°转动，以便炮闩向上开闩；炮闩也作了改进，但保留了原来的底火人工装填装置。

摇架的设计在很大程度上参考了L118，摇架由四个外伸的钛合金管组成，耳轴和两个铝制氮气筒都装在它的后部，4个主要筒式压力容器既是平衡机的一部分，又可作为反后坐装置的一部分。液体气压式平衡机筒和制退机筒都装在摇架的套筒内，与摇架结合为一体。该结构既可作炮身的滑轨又可完成后坐制动及复进节制两种功能（摇架的四个管式组件都是按高压容器的要求制造的，因此它既可以作为摇架的一个组成部分，同时又可作为平衡机和反后坐装置的一部分，具有缓冲后坐和控制复进的功能），制退与复进贮能装置位于摇架上部。输弹机的结构大体照搬了FH70 155mm榴弹炮的输弹机研制而成，最大射速4发/分钟，至少可达5发/分钟的急速射和2发/分钟的持续射速。

M777起落部分重心离耳轴前很远，由火炮的两个前稳定支架（前伸大架）支撑，因而可减小火炮发射时产生的翻转力矩，提高射

▲ M777榴弹炮虽然优点众多，但由于过多的采用了钛合金部件，导致其价格也不菲，即便不包括数字化系统，每门炮本身的造价也达到了约70万美元，相当于M198榴弹炮的1.5倍

▲ M777系列榴弹炮正在取代美海军陆战队和陆军服役的老式M198榴弹炮

击稳定性（尽管火炮重量很轻，但当采用强装药（北约 8 号装药）进行小射角射击时，仍能保证具有足够的射击稳定性）。各前稳定支架由两部分铰接而成，可横向折叠，以缩短火炮行军或吊运状态长。至于该炮炮架则采用了开脚式大架，没有座盘。为了使翻转力矩保持最小，并有利于后坐力直接传至地面，炮耳轴离地高度不超过650mm。两个大架较短，在火炮处于行军或吊运状态时，将大架垂直向上折起。后驻锄用液压制动缓冲装置固定，安装在大架尾部，以吸收射击时的作用力。两个炮车轮与液压悬挂装置一起装在前稳定支架上。战斗状态时，炮车轮向上翻转固定在前稳定支架上部。悬挂装置配有手动泵液压制动器，用于火炮行军战斗转换时升降炮架或战斗中调转火炮，改变火炮射向。炮长和瞄准手战位位于炮尾左侧，配有高低机和方向机手轮。高低传动采用行星式滚珠丝杆，方向机采用摆线传动装置。当炮车轮向下方锁定发射时，方向射界最大为左右各19°。

有意思的是，M777的设计中，为了最在限度的减轻重量，提高可部署性，除了吸收L118的结构之外，还参考了苏制火炮的部分结构，比如火炮由炮口牵引就是一例：牵引时

牵引环承受的压力约为140kg。虽然战斗全重比L118/119 105mm超轻型榴弹炮超出近一倍，但M777A1的战斗全重仅是火力性能相当的常规155/152mm榴弹炮的一半，这使其战略和战术可部署性能与L118基本上相当。

具体来说，M777可以利用美军和北约盟国现有的绝大多数地面和空中机动载具实施灵活的战场机动：在地面上，既可用美国陆军标准的M809/939 5吨卡车牵引，也可用 Esarco（6×6）或 Stonefield（6×4）2吨小型高机动车牵引；而在空中，则既可用UH60系列或美洲豹系列直升机吊运，当然也可以由CH47系列重型直升机吊动，必要时，甚至可将火炮分解成起落部分（约2600kg）和炮架（约1200kg）两大部分，然后分别由UH-1级别的轻型直升机吊运，极大地拓展了机动载具的选择范围。

## M777与美国野战炮兵的模块化重组

"世界上最轻的火炮！战斗全重只有3.7吨的M777 155mm超轻型榴弹炮，于2004年正式进入美军服役"，如此简简单单的一句话，单纯作为一条具有军事性质的新闻，人们也许只会关注于M777在技术上的种种新特性，

感叹美国人总爱搞些人无我有的新鲜玩艺。然而这样一来，却很容易忽略掉这条消息背后的潜台词，M777在美国"后精锐陆军"时代大背景下所具有的复杂含义。事实上，美国陆军正在经历一场50年来最大的转型。编制体制的变革——从以师为基本作战单位的"精锐陆军"体制，转变为以旅级战斗队为基本作战单位的模块化体制。美陆军野战炮兵编制的模块化转型也与之同步推进，M777是其中的重头戏。可以说，在美陆军野战炮兵编制的模块化转型的未来规划中，也许可以没有M109A6及其后继者的位置，但M777的地位却是支柱性的、无可动摇的、无可替代的！

美陆军根据战略环境的变化，按照远征作战、联合作战、"全谱"作战的要求：即"在24小时内将兵力投射至全球任一角落"，

整合战斗能力、战斗支援能力与战斗后勤服务能力的模组化建制单位，成为编装上调整的重点。现有陆军师级部队将重新组建为合成、精干、灵活、快速的"模块化"部队。新的陆军编制具有结构标准化、基本作战单位规模小、编组灵活的特点，自主作战和联合作战能力得到增强。美军希望通过部队编制模块化，使现役部队的战斗力提高30%以上，使随时可轮换的部队的数量增加50%，创建具有联合作战能力的可部署司令部，为未来战斗系统的使用做好准备，提高部队作战部署周期的可预见性（现役部队、后备队和国民警卫队分别每隔2年、4年、5年部署1年）以减轻部队压力。

具体来说，模块化部队的基本战术作战单位将从师变为旅级战斗队，以大大增加战时

▲ "精锐陆军"体制下的师属炮兵、野战炮兵旅和军属炮兵能够提供强大的战术和战役级火力，具备多能性、更强的自主性和持久作战能力，能胜任各种作战任务

可调用的战术作战单位的数量和任务灵活性。美陆军原有的8种机动作战旅，即装甲旅、机械化步兵旅、重型骑兵旅、轻型骑兵旅、轻型步兵旅、空降旅、空中突击旅和斯特赖克旅。被改编为标准化的旅战斗队（曾称为"行动单位"，即UA），以取代以往按任务编组的作战旅。同时除机动作战旅战斗队，美陆军还对战斗支援和后勤支援部队进行重新设计，组建5种模块化支援旅，即火力旅（FiresBrigade）、战斗航空兵旅、战场侦察旅、战斗支援旅和保障旅。到2009～2010年，美陆军将建成93个支援旅，其中火力旅12个（每旅1200～1300人）、战斗航空兵旅25个（每旅2600～2700人）、战场侦察旅5个（每旅997人）、战斗支援旅16个（每旅435人）、保障旅35个（每旅

487人）。所有这些旅级作战部队都将是战场上可随意调用的"预制件"。

而作为模块化支援旅之一的火力旅，虽然会继续履行以往由师炮兵部队、野战炮兵旅、军属炮兵部队所执行的任务，但在内涵上却完全颠覆了以往的师炮兵或更高一级的炮兵群设计。火力旅实施合成兵种作战对指挥官的战役与战术目标提供火力支援。在师作战地域（AO）未分配地域内火力旅提供了绝大部分的陆军和联合火力。它也支援旅战斗队（BCT）的作战行动提供加强火力。它也能利用陆军和联合部队地面和空中力量投送火力，也可与特种作战部队、电子战、和空间指挥与控制分队进行集成。

火力旅可支援陆军、海军陆战队或多国

▲ *2003年当101空降师在纳杰夫投入战斗时，得出的教训就是支援火力必须能够覆盖远近不同的距离——来自空中的火力支援并不是万能的。第3步兵师也有同样的经历，他们在夺取国际机场及巴格达市郊的高架桥时，面对那些试图以近战方式来躲避火力杀伤的伊拉克非正规部队，在更多的时候，不得不呼除了空中部队以外的支援火力来打击敌人*

▲ 过去的几十年里，人们一直认为105毫米火炮是唯一可用"美洲狮"和"黑鹰"直升机吊运的轻型火炮，但M777式155毫米轻型牵引榴弹炮的问世，使历史翻开了新的一页

部队高层司令部。火力旅可为受援指挥官提供了一个在整个作战地域（AO）内实施打击，反火力，和加强火力的指挥部。火力旅在勘察、识别和攻击目标，以及确认火力打击效果的能力方面与精锐陆军（AOE）野战炮兵编制结构不同。它拥有网络化情报、强健的通信以及促进有效火力打击的系统。火力旅能支援或受其他单位的支援，并能协调联合的致命与非致命火力，包括电子战。火力旅也有必需的火力和目标定位机构，以高效地实施完整的决策，发现，投送与评估流程。向受援司令部提供野战炮兵指挥部；对所受援司令部提供打击和反火力；对受援司令部编成内的旅战斗队（BCTs）提供密集加强火力；对受援的旅提供火力，反火力，无人机系统（UAS），和反炮兵雷达覆盖；作为陆军和联合部队中所有单位的致命与非致命火力指挥与控制（C2）总部。同时需要指出的是，作为美国陆军野战炮兵模块化编组的一个重要组成部分，机动作战旅战斗队也编入了火力营，改变了过去在战时临时配属的做法，有利于炮兵迅速反应、提供近距离火力支援。

根据新的作战要求，为模块化陆军设计的新的火力编制体制应当使火力分队和指挥机构具备多能性、更强的自主性和持久作战能力，能胜任各种作战任务。野战炮兵部队将按照2个层次进行编制：第一个层次是在旅战斗队中编1个火力营，主要履行近距离火力支援任务；第二个层次才是火力旅，主要承担战场造势和反火力作战任务。非线性作战使机动旅战斗队野战炮兵司令部任务的界定变得模糊，但却对步兵旅战斗队中的火力营提出了许多重编的新要求和新任务。火力营的部分炮兵主要用于反火力战斗，也必须满足旅指挥官及其旅参谋机构的要求，摧毁或压制敌方的威胁，在步兵旅战斗队的作战地区内，能够充分支援机动分队作战。

火力营的这部分炮兵，无论是一两门

▲ *2006~2007年，美陆军将在现役部队和国民警卫队中组建11个火力旅，使火力旅的总数达到12个*

炮，还是一个炮兵排或一个炮兵连，都必须在旅的作战方案中加以认定，并明确其作战目标和任务。一旦传统的炮兵分队被限定为少于一个炮兵连，或者在火力营中一半以上的火炮战斗力都没有被分配到作战任务，该火力营可能只起到机动分队的作用。进一步说，机动旅战斗队可以混编其他的传统机动分队在这个新组成的特遣队中执行任务，作为适当加重其兵力的手段，但只有在火力营单独执行机动任务时才这样做，这种任务要求解除了传统旅野战炮兵司令部的所有责任。所有传统的炮兵资源都应该与步兵旅战斗队的控制分离开来，旅的火力小组承担起旅野战炮兵司令部的职责。

显然，从美国陆军模块化编组体系的整体设计意图，以及这种设计意图所赋予火力旅与机动旅战斗队火力营的使命和运用模式上来看，M777所代表的决不仅仅是一种高技术火炮这么简单，而是全新的网络作战体系下，一个具有最高使用效能且符合"基于效果"理论的火力打击节点（在英阿马岛战争中，装备L118 105mm火炮的英军在反炮兵雷达的支援下，通过占据高位的方法使阿根廷射程更远、威力更大的155mm火炮成为一次性发言者，取得了陆战的主动权。表明了炮兵已进入初步进入体系作战的时代，开始强调效果而不是单纯的火力集中）。

事实上，M777火炮可以称得上是牵引火炮的楷模，既具有同类火炮中最轻的重量，又通过弹药技术革新达到了40公里的射程。同

▲ 由直升机吊运的M777 155mm榴弹炮

时由于美国有极强的直升机吊运能力，其可部署能力更是达到世界顶尖水准。M777榴弹炮的战斗全重只有3.7吨，比同样口径的M198榴弹炮轻了4吨多，在地面上所有2.5吨级的卡车都能轻易地牵引M777榴弹炮，危急时刻甚至连"悍马"越野车也能拉上M777榴弹炮快速转移。同时为了确保M777牵引榴弹炮具备更强的战略战术机动性，美国陆军和海军陆战队除了对该炮进行了多次空运和吊运试验外，还对该炮进行了空投试验。

能用V-22"鱼鹰"倾转旋翼机吊运，是美国海军陆战队在研制M777榴弹炮之初提出的一项主要指标。在美国海军陆战队的空运试验中，"鱼鹰"在距地面大约305米的高度以每小时241公里的速度飞行了111公里，试验表明该炮的战略机动性完全能够满足作战需求。美国陆军几次成功地从C-17和C-130运输

机上在457米的高度，低速空投载有24发炮弹的M777式牵引榴弹炮。在空投试验中，落地速度大约为每秒43米，关键是随该炮一起空投的24发弹药也全部安全着地。

突破性的战略、战术机动性与高度灵活的战场可部署性只是问题的一个方面，另一个也能够体现技术先进性和理念前瞻性，同样需要关注的地方在于，M777榴弹炮操作简单，反应迅速。虽然M777炮兵编制是9人，但只要5人就可以在两分钟内完成射击准备。在2003年伊拉克战争中的巴士拉之战中，8门被军用卡车以60千米/小时的速度越野牵引的XM777榴弹炮在行进间接到了海军陆战队第一远征队的火力支援要求。在不到两分钟的时间内。8门XM777榴弹炮就完成了停车、架设和开火的一系列战术动作。3轮急速射击后，8门XM777榴弹炮迅速转移到了3千米外的另一个

火炮阵地，整个过程也不到5分钟，这样灵活迅猛的速度让老式的M198榴弹炮自愧不如。

陆地试验表明，在作战环境下，一门以每小时50公里越野牵引行驶的XM777牵引榴弹炮在接到火力支援的呼唤后2分钟内，即可以精确的火力对目标实施攻击，随后仅用2分钟的时间又可回到行驶的路上——从第一次接到火力呼唤到进入1.6公里外的第二个发射阵地，全过程只需5分钟，这种一呼即应的作战反应能力，可在战场上赢得宝贵的战机。另外，XM777还可以其每小时88公里的最大行驶速度，很快撤离到距发射阵地750米的安全地带，真正实现"打了就跑"的战术作战方法，这是现代战场为提高部队生存能力的有利措施，也是"基于效果"火力支援作战运用的特点之一。

美军认为，未来战场上，无论是进攻还是防御，目标机动能力强，流动性大，战机稍纵即逝，因此，"基于效果"的火力支援必须做到近实时反应，以求不失时机地争取主动。"快速反应"既是火力支援取得预期效果的要求之一，也是"基于效果"火力支援作战运用的特点之一。同时急打快撤也是美军"基于效果"火力支援在进攻防御作战中火力运用的一大特点，也是美军火力支援"保障己方部队安全生存能力"这一原则的体现。进攻中，迅速集中绝对优势火力进行短促猛烈突击，达成预期效果后立即撤出，然后突击其他目标，也许这些目标未必相邻，而是分布在战场的不同的关键地域，但被打击的时间却可能先后相接。防御中，美军分散配置各火力平台，集中指挥火力运用，对敌纵深打击或进行多层拦截打击，同样要求急打快撤，以避免敌方的火力威胁。

▲ M777牵引榴弹炮重量低于4.22吨，是世界上最轻的155毫米榴弹炮

显然，火力旅的组建和机动战斗旅战斗队中火力营的正式编入，无疑是美陆军野战炮兵编制体制改革中最重要的举措。在美国陆军的新军事学说看来，"基于效果"的野战炮兵应该充满活力、多才多艺，既是优秀的火力支援者，又可以作为直接的机动战斗分队来影响旅的战斗（传统火力支援更强调"兵力"与"火力"的集中，而"基于效果"火力支援则强调"效果"的集中，这种"效果"集中的原则体现在美军效果协调分队对进攻与防御作战的火力支援计划中。

"基于效果"火力支援的特点包括两个方面主要内容：其一，统一周密的计划战场

▲ 由V22倾转翼机吊挂机动的M777A1 155mm超轻型榴弹炮

▲ 美陆军第一个火力旅于2004年12月在美国得克萨斯州的第4机步师编制内诞生，编有1个建制火力营和1个列编火力营，18门量产型M777正是这个列编火力营的骨干性装备

效果，并对计划内的效果进行 充分预演；其二，在进攻、防御中实施高度分散的效果控制与管理，促使集中效果原则转变为战场上效果集中结果。"协调一体"是美军火力运用的一条传统原则，但在"基于效果"火 力支援理论中赋予了更深层次含义。无论是进攻作战还是防御作战的火力支援中，都体现出 协调一体火力运用的几个特点：其一，强调对"效果"的协调。由于指挥官预期效果的灵活性、实时性，因而战场火力协调的难度增大。其二，强调致命与非致命火力的充分协调。其三，能否在战场上协调一致的运用各种火力支援手段上决定着作战的成败。

而在美军现有的选择范围中，只有M777火炮具有令人满意的战术机动性、快速部署能力和较高的生存能力，这使其成为美军野战炮兵转型、火力旅与机动战斗旅战斗队火力营建设中不可或缺的关键（M777是能够满足超轻型榴弹炮需求的一种风险最低、效能最强的方案，在后冷战时代的几场局部战争中，美军体会到一味追求远射程可能并无实际意义，看得到比打得远更重要，如果做到这一点，"小炮"压制"大炮"是可能的）。现实也的确说明了这一点，在第一门M777于2004年3月宣布正式进入美军战斗序列之后不久，火力旅便从纸面成为现实，美陆军第一个火力旅于2004年12月在美国得克萨斯州的第4机步师编制内诞生，编有1个建制火力营和1个列编火力营，18门量产型M777正是这个列编火力营的骨干性装备！

M777A1改进重点在于初级版牵引炮数字化（TAD）"Block I"（第一单元）软件，以为陆军和海军陆战队提供联合网络化的火力

"亚瑟王神剑"是一种"发射后不管"的制导炮弹：实际上是一种JDAM的炮兵版本，其优势在于能够以比激光制导炮弹更低廉的成本，来赋予炮兵更为精确的一种打击手段

"为了进一步提高性能，BAE系统公司将"Block I"软件升级为"TAD Block 1A"，安装在了M777A2榴弹炮上。这种新技术不仅用于M777A2项目，还将应用于先进野战炮战术系统

# M777A1/A2的改进方向

从美军对火力旅的建设使用意图来讲，火力旅将针对特定任务进行任务编组，必要时将重新编组以完成后续任务。火力旅的任务编组内可包括远程精确导弹、火箭炮、榴弹炮、远程多功能无人机、炮位侦察雷达、信息战系统、固定翼和旋翼飞机，以及其他武器装备。火力旅可选用电子战手段来攻击敌方的指挥与控制系统。火力旅的指挥控制系统还可利用火力旅作战控制范围内其他旅的侦察、监视与目标搜索系统完成打击任务。军、

师司令部向火力旅下达作战任务命令，对期望达到的效果、火力旅可以控制和利用的额外资源做出规定。

由于火力旅具有"可定制"（根据任务选择部队）和"按任务编组"（临时组织部队完成战术任务）的特点，所以在使用上具有极大的灵活性。但如果以上述角度来衡量M777，我们会很容易发现，虽然将之视为传统牵引式火炮的高技术升级版，由XM777定型而来的M777无疑是非常成功的突破性成果，然而要融入火力旅乃至整个模块化部队编组的作战网

络体系框架，符合"基于效果"理论的基本需求，M777还存在着体系框架作战能力差，远程精确打击能力不足，手段过于单一的缺点，而这正是M777A1/A2的改进和发展方向。

作为美国海军陆战队和美国陆军的一个联合项目，M777的最终目标是为机动部队提供精确的、可靠的、反应迅速的、24小时的、全天候和地形条件的近距支援火力。因此，对于M777的改进目前正在分为两个阶段有条不紊的进行中。作为第一阶段的M777A1，其改进重点在于初级版牵引炮数字化（TAD）"Block I"（第一单元）软件，由通用动力公司加拿大分公司负责，美国陆军武器研究、开发和工程中心（ARDEC）向联合项目管理组提供技术支持，并负责完成该软件的正式鉴定测试。整套软件系统包括配备车载导航系统（与M109A6"帕拉丁"火炮一样使用激光陀螺仪进行定位，并用全球定位系统（GPS）进行辅助定位），以及与火力指挥中心（FDC）相连的数字通讯系统和武器自动瞄准系统，并与"阿法兹"（AFATDS）炮兵火控系统进行数字化集成，以为陆军和海军陆战队提供联合网络化的火力。

新的数字化火控系统配备惯性导航、GPS和车辆行驶传感器，可使榴弹炮进行精确定位和瞄准射击。这种数字化火控系统配有无线电设备，用于火力指挥中心和榴弹炮之间数据的数字通讯。系统还装有图形和文本显示器，可为炮兵方便地显示任务数据。系统还能在GPS信号缺失时，通过冗余备份信息继续进行数字化操控。与传统的火炮观瞄系统相比，装有新型数字化火控系统的火炮大大缩短了火炮的布设时间，并提高了执行任务的速度和效率，因而使火炮具有更大的自主性，能够以更快的速度进入或撤出战斗，从而

提高了火力单元的战场生存力。

而作为第二阶段的M777A2，其改进重点则在于将软件升级至"Block 1A"标准，以使其能够具备可编程能力发射M982"亚瑟王神剑"制导炮弹。"亚瑟王神剑"是一种"发射后不管"的制导炮弹——实际上是一种JDAM的炮兵版本，优势在于能够以比激光制导炮弹更低廉的成本，来赋予炮兵更为精确的一种打击手段。弹丸头部引信室内封装有抗干扰的全球定位系统接收机/惯性导航装置传感器。弹丸在飞行过程中可连续不断地搜索和接收GPS卫星数据并更新惯性导航装置的信息，如果发现GPS传输的信息受到干扰，还可启动惯性导航装置。

实弹射击测试证明，用M777榴弹炮发射"神剑"制导炮弹时，所发射的炮弹中有一半落在一个直径10米的圆内，另一半炮弹落在

▲ M777与M198榴弹炮的弹道性能相同，除能发射所有现使用的155mm弹药外，还能发射更加先进的155毫米弹药

10米圆范围以外几米远的地方。由于该炮弹采用了抗干扰的全球定位系统接收机和惯性导航装置的组件，因此弹丸可不受距离限制，并能以GPS的精度飞行至预编程序的群射瞄准点，试验表明，约用16发炮弹就足以摧毁一个标准的自行榴弹炮连。"神剑"制导炮弹的另一大特点是采用非弹道式飞行路线，它甚至可以沿偏离火炮轴线90°的方向飞行。这就使炮弹能攻击障碍物后面或反斜面上的目标，并可以躲避反炮兵雷达的侦察，同时还可攻击纵深目标。

"神剑"所具有的近乎垂直的末段弹道特性，使M777A2榴弹炮在以高射角射击时，炮弹可垂直向下冲向目标直接攻击其顶部，必要时还可以穿透100～200mm厚的混凝土。这种弹道特性对于城市战来说是非常理想的，因为城市建筑之间的空间非常有限，如用传统的炮弹很难准确攻击位于某栋楼内的具体目标，但"神剑"却能够很精确地将其摧毁，从而使部队拥有了在过去城市作战中所不具备的灵活对付各种目标的作战能力。据称，待到"神剑"装备部队时，将具有比概率偏差10米更好的精度。

不过，装备到美国陆军的第一批"神剑"将只限于配用MACS-4模块式炮兵装药系统，它的射程与如今炮弹能够达到的最远射程相当，但是射击精度却高得多。随后MACS-5的射程将超过40公里。2006年，改进后的几门M777A1样炮和"神剑"增程制导炮曾被部署到陆军的"斯特瑞克"战斗旅和第18空降军的炮兵部队中。试验表明，M777与"神剑"的巧妙结合将为陆军和海军陆战队的先头部队提供高机动、精确和网络化的火力。

目前，按作为第1、第2阶段的M777A1与M777A2项目，正按照预定结节稳步推进。其中M777A1在2005年3月22日获得了正式的研发

▲ 在不久的将来，除了M777 155mm榴弹炮系统之外，印度山地部队还将全面装备"皮纳卡"（Pinaka）多管火箭炮，这种火炮可由卡车运输至前线基地，可在敌人发动攻击前瓦解其战力。此外，有消息称甚至陆基"布拉莫斯"导弹也将部署在山地及高海拔地区，以摧毁敌后指挥及碉堡等远距离高价值目标

▲ 克什米尔的锡亚琴冰川是印度加强山地部队建设的另外一个原因。*1984年，印军发动了"梅夫道"战役，抢占了冰川的两个山口，基本上控制了该地区，而巴军只控制了南边的格央拉山口*

合同，并于2007年1月成功定型，随后部署到了陆军和海军陆战队部队，第一支部署这种火炮的部队是陆军的野战炮兵第11旅第2营，目前这种部署还在进行当中。而作为第2阶段的M777A2项目也已经接近完成，其样炮于2007年6月宣布出厂，随后在野战炮兵第321旅第3营、第18火力营，以及野战炮兵第11旅第2营等部队进行了广泛的实战使用测试。

需要指出的是，英国BAE公司还在利用M777A2所获得的部分技术成果，向美军和北约盟国推出一种被称为"轻型机动火炮系统"的高机动版本：即将一门采用52倍口径身管的M777A2改进型火炮，装在一辆"皮兰哈"8×8轻型装甲车底盘上。该轻型机动式火炮系统全重只有13吨（含20发155mm炮弹及相关装药），可以使用多种空中平台运输，如一架C-130"大力神"运输机一次可空运一套系统，一架A400M一次能够空运2套，而C-17则可空运3套。另外，该系统还可以被分成2个部分，分别用战术直升机吊运。

## 印度为什么盯上了M777？

"为了全面更换印度山地炮兵的装备，印度国防部正式批准斥资6.47亿美元从美国购买145门BAE系统公司生产的M777轻型榴弹炮"，这是最近印度《德干先驱报》所披露的一条消息，并在消息的末尾特别得意地注明，"这是一笔政府之间的军火交易"。尽管对于M777的采购量只有区区145门，而印度人又一贯喜欢在军购中作这种高调张扬的自我标榜，我们对此早已见怪不怪，但这样一个消息却仍然有必要引起我们的警觉，印度人为什

▲ 如今的FH-77B火炮已过于老旧，印度陆军只能拆东墙补西墙，用部分火炮的零件保证剩下火炮的正常操作，印度山地炮兵的装备境况已经陷入困境。所以印度国防部此时决定购买M777，显然是为了尽快弥补短板

## 么盯上了M777?

印度人为什么盯上了M777（具体型号并未透露），这显然要从印度的山地部队建设说起。印度有着充沛的年轻人力资源，上端有着大量的国际水准的科学家和技术专家，下端有着充沛的廉价劳力，中端有着良好的银行制度和充沛的资金。再加上宽松的国际环境和那个"要么有声有色，要么销声匿迹"的开国警句。这使优越感十足的印度上层自建国伊始，就在实际上奉行了一种对外侵略扩张、追求地区军事霸权的政策作为寻求国家崛起的手段。而建设一支规模庞大，装备精良的山地部队，则成为印度追求地区军事霸权的重要环节，甚至被上升到了国家战略的层面。

自1962年后，印度有意识的加大了对山地作战力量的建设和投入，直至最终拥有了

世界上最大规模的山地部队，目前其规模达到12个师、15万人左右，每个师另有约8000人的后勤力量。同时也正是在1962年后，作为山地部队建设的一部分，印度山地炮兵也进行了有针对性的大规模重组。在1966年的第二次印巴战争和1971年的第三次印巴战争中都表现出色。

1999年的卡吉尔炮战中，印军曾把购自瑞典的155mm大口径火炮拆成零部件机降到雪地上，再用人力组装起来和巴军对射，在战斗中尝到了一定的甜头。不过，如今的FH-77B火炮已过于老旧，印度陆军只能拆东墙补西墙，用部分火炮的零件保证剩下火炮的正常操作，印度山地炮兵的装备境况已经陷入困境。对此，印度安全问题学者萨拉维·吉哈在2008年接受媒体采访时就曾表示，针对克什米尔和非法占据的边境山区的特定情况，缺乏机动能力的印军迫切需要加快炮兵和直升机力量建设。

最近几年，印度军队开始装备自制的轻型直升机和武装直升机，又从俄罗斯采购了大批Mi171系列中型直升机，但适用于山地战的轻型火炮却迟迟不到位。所以，这次曾经尝到过甜头的印度打算从美国采购145门能够用中型直升机直接吊运的M777超轻型155mm火炮，用来加强其山地炮兵建设的思路也就顺理成章了。而从M777自身的性能特点来看，印度人的眼光也的确不错，这实际上是一种能够作为山炮使用，但作战效能上却又远远超过传统山炮的高技术炮兵装备，对于加强印军山地炮兵的作战效能，几乎具有立竿见影的现实性意义。

印度政府为陆军添置新式火炮的计划已酝酿25年，至今才得以圆梦。考虑到现实情况，印度在获得145门M777后，一方面其山地

▲ 印度早在1986年6月就从苏联获得了可用于山地作战的Mi-26超重型直升机

作战能力将取得实质性的进步（这一点毫无疑问），另一方面印度更有可能将这种先进火炮部署到其非法占据的地区，增添边境地区的紧张空气（M777系列榴弹炮凭借着同口径火炮中最轻体量和适中的射程成为快速反应部队与山地部队的支援火力利器）。

不过，对于印度这次高调炫耀购入M777的举动，我们虽需要给予必要的关注，但却又不必过于紧张。这其中的原因很简单，我国同样拥有丰富的山地作战经验，相当的规模的山地部队以及先进而且实用的各种山地作战装备。即便抛开兵员的素质因素不提（这一点其实才是真正的关键，我军的传统优势也在于此），中国山地部队的优势不但在于拥有良好的公路、铁路运输网络以及各种直升机外，同时在适于山地作战的炮兵装备中，也不乏在技术性能上与M777相比肩的国产型号存在，前两年披露的AH4 155mm超轻型榴弹炮就很能说明问题。

AH4 155mm超轻型榴弹炮身管为39倍口径，炮闩为螺式加闭气环，由于采用了输弹机，最大射速能达到5发/分。全炮重3.5～3.8吨，采用了钛合金和铝合金等轻型材料，钛合金材料约占全炮质量的20%。炮架为H型加前撑，摇架和反后坐装置融为一体，火线不高于600mm。全炮能够用东风铁甲越野车牵引或用米171等直升机吊运。除能发射我国所有制式155mm弹药外，还能发射北约155mm通用弹药。发射普通榴弹为最大射程为19公里，发射底凹弹时为23公里，发射底排弹时为31公里，发射复合增程弹时为38公里。发射药为双模块式。还将配备电视成像侦查弹、通信箔条干扰弹等特种弹药。

同时，AH4还配用了包括火控计算机、弹道计算机、炮长显示控制器和炮手显示器、炮口初速和方位角传感器、牵引火炮间接定位装置在内的现代化火控系统。而且火控系统的安装接口已在设计之初就考虑，有发射制导弹药

▲ M777系列榴弹炮凭借着同口径火炮中最轻体量和适中的射程成为快速反应部队与山地部队的支援火力利器。一旦战事骤起，由于整炮的重量控制在Mi171中型直升机的最大吊运限值内，印度人手中的M777基本铁定会参战

▲ 中国AH4 155mm超轻型榴弹炮

▲ M777系列155mm超轻型榴弹炮的存在，实际上意味着一场炮兵革命的大幕正在徐徐拉开

▲ 由CH-47实施空中吊挂机动的M777A1

的。单炮能在2.5分内完成射击装备。需要指出的是，AH4 155mm超轻炮从技术和设计角度来看有些类似于美国的M777，但这绝不是参照和效仿。M777的一些设计现在已经被公认为超轻型大口径牵引火炮的"黄金方案"（即几个"只有"：只有使用钛合金才能保证火炮在重量轻的前提下保证强度；只有采用低耳轴、低火线高才能保证射击稳定性；只有采用座盘贴地才能使发射后座力直接传到地面；只

有采用后坐装置和摇架合而为一才能减少起落部分附加重量；只有采用"H"型炮架才能保证火炮重心改变后不至于在发射时倾翻），所以我国新超轻炮也采用了类似方案，有那么点"殊途同归"的意思。

最后，无论AH4与M777究竟在性能上孰高孰低，人的因素其实永远比机械更为重要，中国人民解放军历来走自己的建军之路，在山地部队的建设上也是如此，绝不会被对方牵着鼻子走，也不会"肤浅"地高调炫耀。更何况山地作战实际上是综合国力的较量，对比高质量青藏铁路与藏南地区的简易公路，要比单纯的谈论双方拥有多少高原直升机、超轻型大口径火炮更有实际意义，毕竟战争不是靠一两件武器来决定胜负的，而是一种体系与体系的对抗。

## 结语

M777 155mm榴弹炮的存在，意味着炮兵革命的大幕正在拉开：利用数字化网络打击节点，模块化整编中的美军野战炮兵展现出难以置信的灵活性、适应性和柔韧性。

## |第五章|

# 高卢重锤：法国 AUF-1 155mm 自行榴弹炮

### 特立独行的法国军事力量

火炮的英文——Artillery来源于拉丁文的 artis tollere，意思是"射击的艺术"。自从人类进入热兵器时代起，火炮就意味着战争。然而在二次世界大战结束后，由于西方世界一惯享有空中力量优势，这在一定程度上（相对于华约集团）反倒成了忽视炮兵建设的根源，即便对于自行火炮的研发生产也是如此。再加上德国人那个几乎不可超越的经

典——PzH2000的存在，这使人们对于西方世界另外一些型号的155mm现代化自行火炮，其了解和关注都是较为有限的，而为了弥补这种缺失，我们将揭开一种风格独特的法国155mm自行榴弹炮——AUF-1，那略显神秘的面纱。

在战后的西方世界中，法国是个比较特立独行的国家，甚至可以说是一个异类。它虽然是西方世界的一员（而且绝非是可有可无

◀法国陆军第40机械化炮兵团装备的 *AUF-1 155mm自行榴弹炮，1996年2月，波斯尼亚前线（在波斯尼亚，第40机械化炮兵团担负着为第11空降师部队提供火力支援的职责）*

的那种），却长期坚持独立自主的国防政策和军事战略，为此甚至于1966年断然宣布退出北约军事一体化机构，将北约总部驱逐出其领土。戴高乐将军在1960年代初期即已暗自发展了相关的思想：法国的武装力量并非定于直接针对单一的敌人（即苏联），而是应面对将来任何可能的敌人。1966年，时任法国总统的戴高乐担心美国对北约的控制有损法国军事独立性，宣布退出军事一体化机构，即退出北约欧洲军事指挥组织司令部，北约调动法国军队需经过法国国防部，但仍保留北约政治成员身份，扮演了一个在全球范围向美国霸权挑战的不驯服的盟国角色，并致力于单方面对苏关系缓和（甚至在1960年代向苏联出售了用于制造高膛压坦克炮的电渣炉）。

然而，作为一个事实上的二等强国（或者说是一个影响力大不如前的昔日大国），坚持独立自主的国防政策，也就意味着与西方伙伴的疏远和自身的孤立，这使相互之间军事技术的交流受到了影响，法国人掌握的很多军事技术与当时西方世界的一流水准是有差距的，并且受制于国力在成本上必须有所计较：出现于1970年代初，并且至今仍是法国陆军当家主力的AUF-1 155mm自行火炮就是这样一个典型中的典型。

## 新一代法国自行榴弹炮

以当时的时代标准来衡量，AUF-1 155mm自行火炮是一种先进性有限（或者说先进性缺乏均衡），但法国特色浓郁的机械化炮兵装备。其项目构思起源于1969年。当时法国陆军机械化炮兵的两种主要装备：基于AMX-13轻型坦克底盘且采用敞开式设计的AMX-13 105mm自行火炮和MK F-3 155mm自行火炮，都被认为已经无法满足现代化战场上的使用要求（AMX-13 105mm和MK F-3 155mm自行火炮都带有战争刚刚结束时法国在工业基础遭受严重破坏的背景下，仓促推出的痕迹），法国陆军急需一种采用先进技术，在射程、射速、机动性、防护性方面全面优于现有装备，能够满足未来20年作战需求的新型155mm自行火炮。

在这种情况下，法国政府指示GIAT（地面武器工业集团）集中力量对新一代履带式155mm自行火炮方案进行构思。不过，GIAT综合考虑到成本、技术风险以及法国陆军对于新型自行火炮更新换代需求的紧迫性，从一开始就决定只研制一个155mm自行火炮的炮塔，然后将之与现役主战坦克底盘相结合，构成一种新型155mm自行火炮系统。应该说，按照法国的国情现状，这种想法具有一定

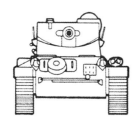
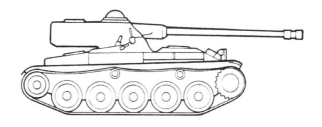

▲ 在1960年代末，法国陆军装甲机械化部队炮兵当时拥有的两种主力装备——AMX-13 105mm以及MK F-3 155mm自行火炮，同样基于AMX-13轻型坦克盘，然而它们无论是底盘还是火炮都已经无法满足时代战场环境的需求

的合理性：以现有主战坦克底盘为依托，不但节省了研制时间、成本，而且大大降低了技术风险，同时也有利于将资源集中于火炮和炮塔的研制；另一方面，由于火炮和炮塔从一开始就是为各种现役主战坦克底盘量身定制的，装车适应性好，全系统使用和维护成本低，也有利于拓展出口市场。

GIAT是这样想也是这样做的，其新一代155mm履带式自行火炮系统在绘图板上便被确定，不仅可以安装到西方世界广泛装备的AMX-30、豹I、"百人队长"、M48、M60等系列主战坦克底盘上，而且为了拓展将来的出口市场，甚至在炮塔座圈上安装一个简单的附件后，还可以适用于苏制T-54/55、T-62主战坦克底盘。当然，毕竟这种155mm履带式自行火炮系统首先需要满足的是法国人自己的国防需求，所以对法国来说，这种自行火炮在底盘上的选择是毫无悬念的——AMX-30。

## "拿来主义"的底盘

作为冷战时代法国陆军唯一列装的主战坦克，GIAT将AMX-30作为新型155mm自行火炮的底盘自然理所应当（实际上也是别无选择）。那么这样的一个底盘对自行榴弹炮来说究竟意味着什么呢？要知道，AMX-30是冷战时期整个西方世界最"东方化"的一型主战坦克：战斗全重仅36吨，外形低矮，防弹外形轮廓完全有别于人高马大的西方风格，而更接近于苏联同行的设计思路。

自AMX-30诞生伊始，便是一种饱受争议的设计：法国式的偏执尽显其中。在第二次世界大战时代，法军采取固执的守势军事战略（根据第一次世界大战的经验），构筑了企图完全阻敌于外的马奇诺防线。为了配合守势作战，法国的战车以防护力至上，火力次之，

机动力则可以毫无限度的牺牲。因此，第二次世界大战时代大部分的法国战车简直是座会"移动的碉堡"。众所周知，法军由于拘泥守势而兵败如山倒（德军突穿防线深入法国心脏地带时，马奇诺防线仍驻有动弹不得的重兵），三个星期内被纳粹德国的机械化部队"摆平"。结果第二次世界大战结束后，法国认为当初正是这种消极的守势思想才导致惨败，必须彻底加以扭转。因此，战后法国坦克的设计哲学完全颠倒过来：机动力放在第一，重视火力，至于防护性能只达到最基本的标准就可以了。

进一步来讲，导致这种思想的另一个主因是反装甲武器的进步，当时还没有复合装甲、反应装甲等装甲技术的革命性突破，传统均质钢装甲面对新一代反装甲武器时越来越力不从心，战后的法国坦克设计师遂悲观地认为就算增加装甲的厚度，迟早也会被新一代的武器击穿，更何况装甲也不可能无限制地加厚，与其如此还不如降低战车的体积重量来减少被弹面积，并且以高超的机动能力避免遭敌方武器命中，AMX-30正是这样一种产物。按照西方衡量主战坦克的标准，AMX-30的防护力实在是薄弱得不像话，车体首上装甲厚70mm，炮塔正面最厚处也仅81mm，最

▲ 作为一个将防护性至于末位的偏执设计，除了重视机动性之外，*AMX-30*也相当强调火力

多也只能抵挡30mm动能弹药的射击。

由于当时华约装甲部队享有庞大的数量优势，北约战车势必得增加火炮射程与威力，并强调第一发命中率，以快速地摧毁较多苏联战车。AMX-30配备一门GIAT制造的CN-105-F1 105mm 56倍径线膛炮，与当代西方主力战车的主流口径同步，炮身配备热护筒来防止炮管受热弯曲变形，炮管俯仰范围−8～＋20度。为了追求内弹道性能，CN-105-F1并未设置身管抽烟装置，改从战斗室内以压缩空气将开火后充斥于炮管的烟硝吹除，这种设计直到1990年代新一代的勒克莱尔坦克也没改变，成为法国坦克炮的一大特色。

CN-105-F1能使用北约标准的弹药，包括尾翼稳定脱壳穿甲弹（APFSDS-T）、高爆穿甲弹（HEAT）、高爆榴弹（HEPT）、照明弹以及烟雾弹等，发射穿甲弹时的炮口初速为1500米/秒。AMX-30共储存47发105mm炮弹，其中19发储放于炮塔内（18发放在炮塔尾部的弹舱），其余28发则置于驾驶席右后方的车体内。副武装方面，AMX-30配备一挺F1C1 7.62mm车长用防空机枪，安装于TOP-7车长旋转枪塔内，备弹2050发，车长可封闭在旋转塔里操控这挺机枪，免于遭受轻兵器的威胁；而早期型的AMX-30使用一挺12.7mm同轴机枪，载弹1050发，日后则换为M-693 20mm同轴机炮（备弹470发）。M-693机炮最大射程1500米，最大炮口初速1250米/秒，能与主炮炮座连动俯仰或单独俯仰，单独俯仰的范围为−8～＋40度。此外，炮塔两侧各装有两组四联装烟幕弹发射器。

如果说AMX-30作为一款主要应对欧洲战场的主战坦克，其有欠均衡的设计思念引来了颇多争议，那么要作为一种自行火炮的底盘，这些争议不但显得无关紧要了，而且很

多曾经的缺点此时恰恰变成了优势所在。首先来讲，自行火炮特别是155mm口径这类师属火炮，并非是直接用于一线的装甲技术装备，因此AMX-30一向被指责过于薄弱的装甲防护水平，相对于自行火炮来说倒是恰如其分的。其次，薄弱的装甲防护更为AMX-30带来了当时西方世界首屈一指的机动性能，这使以其为底盘的衍生型自行火炮大受裨益。

AMX-30以一台720马力的HS110水平对置12缸多燃料引擎为动力。该发动机由伊斯帕诺−絮扎公司研制，雷诺车辆工业公司进行许可证生产，12个气缸水平对置，缸体和缸盖均为轻合金材料，采用湿式气缸套。增压系统使用了2台荷塞特（Holset）废气涡轮增压器。该机可燃用煤油、柴油或汽油等多种燃料。喷油泵为直列式柱塞泵，当改换燃料时，只要将控制喷油泵供油量的旋钮旋转，就可调节供油量。该发动机采用燃烧室盖可拆卸的球形涡流室式燃烧室，由喷油器将燃油直接喷到燃烧室盖的表面形成油膜，立即蒸发产生燃油蒸汽，与空气混合形成混合气而燃烧。由于不同的燃料蒸发温度不同，所以更换燃料时，同时更换

▲ 由于照搬了AMX-30坦克底盘，最大限度地保持了通用性，这使AUF-1在维护和保障性上受益颇多

与其对应的不同材料的燃烧室盖，便可获得良好的混合气体。该发动机在高达60℃的环境温度下仍能正常工作，冷却风扇通过1个电磁联轴节驱动，风扇的转速可随冷却水的温度高低而变化，从而改善发动机的燃油经济性。

与HS110多燃料引擎相匹配的是当时技术水平较为先进的5SD-200D液力机械双流综合传动装置，由离心式自动离合器、组合式变速箱、转向机构、制动器和2个侧传动装置组成，有5个前进档和5个倒档。悬挂装置为扭杆式，有5对挂胶负重轮和5对托带轮，第1、2、4、5对负重轮装有平衡装置，第1和第5对负重轮还装有液压减振器。诱导轮在前，主动轮在后。HS110/5SD-200D，这对动力/传动系统组合的动力转化效率达到了约72%，再加上战斗全重仅仅36吨，这使AMX-30获得了最大公路速度65km/小时，最大越野速度45km/小时的优异机动性能，不但超过了大多数同时代的西方主战坦克，即便相对于重量和外形尺寸接近的苏制主战坦克，AMX-30的机动性也是佼佼者。

事实上，如M109这类采用专用底盘的自行火炮往往受制于机动性不佳，难以跟上机械化纵队的行军步伐，而此类困扰对于直接采用主战坦克底盘的自行火炮来说则是完全不存在的。特别是对于AMX-30这种本身就以机动性见长，并拥有适度装甲防护的主战坦克来讲，利用其底盘衍生出一种自行火炮，不失为一种性价比颇高的明智之举，而且也符合法国的国情和项目进度需求。需要指出的是，装甲技术装备的保障其实十分复杂，不仅要有懂技术、会修理的保障人员，而且还得具备修理设备、器材、工间等保障条件。由于如果自行火炮的装甲底盘与部队现装备的主战坦克底盘完全相同，或是大部分零部件通用，将十分便于部队实施装备保障。部队的保障人员基本不用培训就能胜任对该炮的维修保障工作。这样的装备当然会受到部队官兵的欢迎，对迅速实现战斗力有着不小的现实意义。

## 极具特色的火炮/炮塔系统

当然，作为一个完整的自行火炮系统，

◀ **AMX-30**底盘引擎室与战斗室之间设有防火隔板，具有隔热与安全防护的作用，车上还有自动灭火系统。**AMX-30**的悬吊系统为扭力杆式，此外由于车体较短，仅设有五对负重轮，其中第1、第5对承载轮还装有液压避震器补强。在没有任何附加配件下，**AMX-30**能涉渡1.3米的水深，在加装一般配件后则能涉渡2米的水域，加装通气管后则能通过4米深的水域。此外，**AMX-30**还拥有电动加油辅助装置以及加热器等装备

无论是专用底盘还是直接利用主战坦克底盘, 底盘只是整个项目的一部分, 最关键的部分还在于炮塔/火炮系统。而在这方面, 由于直接选用AMX-30坦克底盘的做法节省了大量时间和精力, 这使GIAT对于炮塔/火炮系统的研制进度跟进的相当迅速: 1972年3月GIAT已经制成了一个用于地面台架实验的原型炮塔, 并在1973年2月与AMX-30底盘进行了成功的组合, 6月正式亮相于在法国萨托里武器装备展览会上, 从而宣告了AUF-1 155mm自行火炮的诞生。

除了AMX-30底盘与AMX-13底盘在性能上的巨大差异外, 与将要取代的AMX-13 105mm和MKF-3 155mm自行榴弹炮相比, 采用全封闭炮塔, 且拥有全自动装弹机的AUF-1是一种真正意义上的现代化自行火炮了: 在射程、射速、弹种、精度等性能上有了革命性的突破, 而且能在一定程度上满足核生化条件下的作战需求。

首先, 无论是火炮还是有关装填、瞄准、射击的一切系统, 都被封装于一个旋转式全封闭炮塔中。这使其相对于MK F-3的开放式设计, 成为一个里程碑式的飞跃。这个炮塔采用30mm厚的均质装甲钢板全焊接结构, 重17000kg (含2500kg弹药), 可防枪弹和炮弹破片。炮塔右侧为车长和指挥塔, 其四周装有潜望镜, 舱口盖向后打开。左侧为装填手舱口, 舱口盖也向后打开。装填手舱口装有1挺7.62mm或12.7mm高射机枪。

炮塔两侧各开有供乘员出入的舱门, 后面开有双扇弹药仓舱门。炮塔前部两侧各装2具烟幕弹发射器。需要着重指出的是, AUF-1整车具有较为完善的三防系统。γ射线报警器采用半导体探测元件, 所有门窗孔缝均加有密封装置, 旋转部位采用充气密封。为防止外界有毒和放射性气体进入车内, 在舱内安装增压风扇, 可使舱内建立一定超压。车内安装的滤毒装置对抽入车内的空气进行三级过滤, 然后充入战斗舱并形成超压。

其次, AUF-1的155mm口径榴弹炮本身属于一种全新设计, 并非像其他国家那样由某种地面牵引火炮改进而来, 反而后来在其基础上衍生出了地面牵引型号TRF-1。其身管长6200mm, 长径比达到了40 (作为一个直观的对比, M109A1的M126A1 155mm炮采用23倍口径身管, M109A2的M185 155mm炮采用39倍口径身管), 内弹道性能符合北约155mm火炮弹道协议 (法国虽然退出了北约军事一体化机

▲ AUF-1 155mm自行榴弹炮炮塔特写, 1996年2月于波斯尼亚, 第40机械化炮兵团

▲ 第40机械化炮兵团, 1996年2月于波斯尼亚 (一名AUF-1的装填手正在操作M2HB 12.7mm车载机枪进行警戒)

构，但仍然保留了北约政治成员的身份，这不但使其成为《北约弹道谅解备忘录》的缔约国，而且在AUF-1的研制中严格遵循了这一协议的相关标准，从而反映了法国特立独行摇摆于东西方之间，但在军事上仍然倾向于西方集团的独特国家战略）。

需要指出的是，这一时期的北约155mm火炮，虽然都能兼容北约标准弹药体系，发射新型底排榴弹和火箭增程榴弹射程超过30千米，但是炮身长度并不都完全一致，AUF-1便是很好的一个例子。在以7号装药发射底凹榴弹时初速830m/秒，最大膛压265Mpa，最大射程24000m。在发射火箭增程弹时，最大射程33000m（远射程的意义在于能集中火力控制更大范围，能更长时间支援步兵或其他兵种，这就是火力灵活性，当然，还能提高自身的生存能力）。火线高1650mm，膛线48条，右旋等齐。身管上装有炮口制退器，但无抽气装置。立楔式炮闩由金属紧塞环密封，通过液压装置开、关闩，紧急情况下也可人工开、关闩。为防止火药气体进入战斗室内，炮尾装有喷气装置，可起到调节空气的作用。摇架为圆筒形。反后坐装置包括液体气压式制退机和复进机。更换反后坐装置时，无需将火炮从炮塔上卸下。火炮还配有液压贮能器，当动力装置发生故障时，贮备的能量可供应急发射。

由于内弹道性能完全兼容北约155mm火炮弹道协议，因此AUF-1的弹药可配用法国和北约的各种制式155mm弹药，包括DM19A1电底火和各种通用型可燃药筒（弹种包括低阻远程全膛杀伤爆破榴弹；低阻远程全膛底排榴弹；低阻远程全膛底排子母弹；低阻远程全膛照明弹；低阻远程全膛底抛发烟弹；低阻远程全膛黄磷弹）。

其中，法制弹药包括 56/69（OE56/69）榴弹、F1（OE155F1）底凹榴弹、H1（OMI155H1）反坦克布雷弹、H2（OEDTC155H2）底部排气弹、H3（OEPAD155H3）火箭增程底部排气弹、F1A（OFUM155F1A）与F2A（OFUM155F2A）发烟弹、F1（OECL155F1）照明弹和56/69（OX155 56/69）与F1（OX155F1）弹着观察训练弹等6种弹丸，3种引信，4种发射装药，7个装药号的远程全排弹（AUF-1与西方制式155mm火炮一样，将发射药分为1～7号装药，其中1～2号为速燃装药，3～7号为缓燃装药。6号装药用于发射老式56/69式普通榴弹。各号装药在低射角（+45°以下）时的射程重叠量大于20%，在高射角（+45°～+66°）时为5～7%。可燃药筒全部涂以清漆。药筒底部装有电感应可燃底火，药筒内装有传火管和发射装药。药筒有足够的强度，发射后完全燃烧。膛内不留残渣）。

其中F1（OX155F1）弹着观察训练弹，重43.75kg，内装有8.9kg黑索今和梯恩梯（50/50）炸药，采用6号发射药装药，初速700m/秒，最大射程19250m，采用M51弹头触发引信、M500机械时间与瞬发引信和FURAF1近炸引信。有效杀伤面积：对暴露的立姿人员45°碰炸时为390m²，对暴露的卧姿人员空

▲ AUF-1的全自动装弹系统是整个自行火炮系统在设计上的最大特色，也是其先进性的集中体现

炸时为400m²；Fl底凹榴弹弹丸重43.25kg，内装8.83kg黑索今和梯恩梯（50/50）炸药，采用7号发射药装药，配用引信与56/69式榴弹相同。该弹对暴露人员的有效杀伤面积：45° 碰炸时为400m²，空炸时为410m²。对装甲目标进行间接射击时，在离炸点15m内，0° 着角时可穿透15mm厚的装甲，在离炸点25m内，仍有穿透类似装甲的可能性；Hl反坦克布雷弹弹丸重46kg，采用5号发射药装药，弹体内装有6枚反坦克雷，每枚重0.55kg，60° 着角时可穿透50mm厚的装甲。

至于AUF-1的全自动装弹系统是整个自行火炮系统在设计上的最大特色，也是其先进性的集中体现。自行火炮必须要求一定的战场射速，以便频繁的转移阵地，否则实现自行化的意义就会大打折扣（现代战争中，随着反炮兵侦察和火力能力的增强，炮兵的生存能力受到越来越严峻的挑战。为完成作战使命，炮兵被要求具有快速反应能力、准确打击能力和较强的生存能力。

如果以量化指标来衡量，这种能力主要指的是：在3分钟内，火炮可以进入阵地并发射5～6发炮弹（155mm口径火炮），准确命中目标后能快速撤出阵地。显然，牵引式火炮是无力达成上述要求的）。然而155mm弹药的重量普遍超过了人力装填的承受能力，难以保证3发/分钟或者是更高要求的持续战场射速，因此某种形式的机械化装填系统取代人力装填是大口径自行火炮必须要解决的一个问题。

不过，即便是作为当时西方世界机械化装甲炮兵的标准装备，美制M109A1/A2仅装有简单的液压辅助推弹装置，火炮射击装填主要由炮手完成（即弹丸由液压辅助推弹装置推入，而药包仍要靠人力装填），只能达到3发/分的最大射速和1发/分的持续射速，

▲ 1996年2月 第40机械化炮兵团一辆绰号为 "ALencon" 的AUF-1 155mm自行火炮（第40机械化炮兵团带着其全部24辆AUF-1于1995年8月22日部署于波斯尼亚的法国维和区，并于1995年8月25日参与了北约部队针对塞族军队的报复性炮击）

再加上炮控瞄准系统比较原始，这使其作战使用方式与牵引火炮实际上并无太大差别。被公认为经典的M109A1/2情况尚且如此，较M109A1/2在技术上逊色的MK F-3 105mm自行火炮的情况也就可想而知了。也正因为如此，GIAT在AUF-1的研制中，从一开始就以提高射速、改善装填效率为出发点，致力于全自动装填的实现，并且最终得偿所愿，成了这门自行火炮最值得骄傲的亮点。

具体来说，AUF-1的自动装填系统由弹药仓和自动装弹机组成。弹药仓位于炮塔后部，由两部分构成。弹药仓右部有7个直列的各存6发弹丸的弹丸架，1列存放发烟弹，1列存放照明弹，其余5列存放榴弹。每列弹丸架内存放的弹种必须相同。弹药仓左部有7列药筒架，共存放42个不同装药的药筒。每列药筒内装药号必须相同。还有40个发射药包装在炮塔吊篮的固定箱内。

自动装弹机为液压式，可保证火炮在任何射角下进行自动装填。它由选择器、提升器、供弹机和输弹机等组成，由电子逻辑控制器控制。逻辑控制器将红外操作信号依次传

递给各个部件。当电子控制线路发生故障时，还可进行半自动装填。由于没有采用继电器和电磁接触器，故其可靠性好，且维护方便。

值得注意的是，由于以液压驱动方式进行高低和方向瞄准，因此AUF-1并没有高低轨机械传动装置，以及高低轨和方向机手轮。而是靠瞄准手座位处的两个操纵手柄；一个用于操纵火炮方向转动。正是这套设计完备、技术先进的全自动装填系统，使得AUF-1仅仅凭借一个4人制车组（炮组），就完全超过了采用6人制车组的M109A2的作战效能，其最大射速达到了8发/分（3分钟内），急促射速达到了3发/15秒，持续射速为2~3发/分（1小时内）。

值得注意的是，与抢眼的全自动装弹系统相比，AUF-1在观瞄/火控系统上的技术先进性同样不容忽视。AUF-1的火控设备包括随动系统、光电测角仪和显示控制台，第一次在自行火炮的火控系统上形成了一个相对完整的概念（而M109A1/A2实际上仅有传统的光学、机械瞄准装置，作战流程与牵引火炮没有明显差别）。随动系统为液压式，由万向悬架、平行四边形传动装置、万向平台和高低与方向手柄组成。

方向机由伺服液压马达带动，高低机由伺服阀门控制的2个液压动力缸带动。方向与高低角瞄准精度在0.1密位以内。该系统可补偿车体的倾斜。光电测角仪通过万向悬架与炮塔连接，放大率为5×，视场为10°，用于直接测出射击指令角度相对火炮实际角度的偏差，并经小型计算机计算后以数字形式显示在显示面板上。测角仪完全密封，当车体倾斜在12°以内时，仍能自动保持垂直位置。显示控制台包括测角仪读数装置、计算机以及方位与高低角和偏差角的数字式显示装置。火控设备与炮兵连计算机接口，能迅速将炮兵连指挥所的射击命令传递给火炮。

## 毁誉参半的整体评价

由全新的155mm炮塔与AMX-30底盘组合而成的AUF-1 155mm自行火炮，是这样一辆令人印象深刻的怪物战车：其车高3.25米，车宽3.15米，车长10.25米，由于底盘的动力传动装置依然后置，巨大的炮塔只能像坦克一样置于中部的炮塔座圈上，再加上AMX-30的底盘车体较短，仅设有五对负重轮，这使AUF-1看起来就像是一个怪异的"大头巨婴"（或者说与M109这类采用专用底盘的自行火炮相比，更接近于一辆变异了的巨型坦克）。

不过以1970年代的标准来衡量，AUF-1在某种程度上仍可视为时代先进性的一个标杆。要知道，根据现代战争的特点，当火炮在作战阵地停留3分钟时，其生存概率是100%；当停留时间达到10分钟时，其生存概率下降到58%。因此，减少在阵地的停留时间，提

▲ 一位AUF-1 155mm自行火炮的车长，正在操纵火控系统的控制面板

▲ 1996年于波斯尼亚地区的法国第40机械化炮兵团装备的AUF-1 155mm自行榴弹炮

千米/小时稍有逊色，但仍要大幅领先同时期M109A2的53千米/小时，而后者的战斗全重仅仅是AUF-1的60%；同时，相对于差不多同时期的SP70、M109A2之类自行火炮铝合金装甲大行其道的情况，全钢制的AUF-1战场生存性能是个明显的优势。大范围采用铝合金装甲虽然明显降低了火炮结构重量，但是也削弱了防护性能，这在现代战争火力密度很高的战场上是非常不利的，而AUF-1无论是底盘还是炮塔均采用均质钢装甲板，这使其防所性能居于同时代155mm自行火炮的首位。

同时，由于AUF-1直接挪用了AMX-30坦克的底盘，动力/传动装置后置的布局方式也带来了一些"意外"的好处，比如，由于主动轮和传动系机组被布置在不易受到攻击的车体尾部，车辆的生存能力得到了提高。更易于保证传动系机组的风冷散热。由于用密封隔板将产生噪音、热量和废气的传动系机组与乘员隔开，车辆乘员的生存环境得到了显著改善。由于动力传动舱安装了可拆卸式装甲盖板，大大方便了传动系机组的拆装，在战场可维护性上较之采用动力/传动装置前置的专用底盘占有一定优势。

另一方面，AUF-1的自动化程度较同时

高射速和机动性，将进入阵地、完成射击到撤离阵地的时间控制在3分钟之内，对于提高火炮的生存能力和打击效能是十分必要的。这也就是通常所说的"打了就跑"（shoot and scoot）的战术。而AUF-1由于率先采用了先进的全自动装填技术和完备的火控系统，再加上直接采用现役主战坦克的底盘，对于这种战术的潮流把握是相当准确的。

一方面，由于在底盘的研制上直接采用了拿来主义的策略，战斗全重达到了41.9吨的AUF-1在机动性上仍是主战坦克级别的，其60千米/小时的最大公路速度仅比AMX-30的65

◀ 演习中，一辆法国陆军的AUF-1 155mm自行榴弹炮正在利用机械化舟桥设备渡河

▲ 正在行军中的AUF-1 155mm自行榴弹炮机械化纵队

期的东西方同类大幅攀升，液压自动操瞄装置具备了自动抬炮、自动瞄准、射击后自动复瞄能功能，而且通过全自动装填装置实现了重达40千克弹丸的任意角度机械装填，使炮手劳动强度大为减轻，火炮射速也较之以M109A2为代表的西方主流型号提高了一倍。而且AUF-1还首次拥有了火控系统的完整概念，惯性制导定位装置、弹道计算机、射击诸元的数码显示和装定器、新型电台等一系列产品让AUF-1自行火炮炮兵连射击指挥能力有了飞跃性提高。

更何况，AUF-1在研制之初，GIAT的工程师们就非常注意人机工程设计，强调合理配置乘员工作位置，优化操作动作，选择最好的自动控制系统，改善乘员舱的工作环境的各种参数。为此根据用途、频率及使用顺序来组合控制装置和功能组信息反应设备；将紧急信号设备布置在乘员视野内的最佳位置，并使其以主动方式发送信号；必要的操纵机构和显示器的数量应最少；操纵机构及其相应的显示器的相互位置应布置合理；在保证能可靠读取信息数据的前提下，将显示器的尺寸做得最小。

这种细致入微的设计理念进一步提升了AUF-1乘员组的作战效能（在武器装备的生产和使用过程中，由于对"人——机——环"方面的因素考虑不足，有时导致装备的效能只能实现50%～70%）。据法国人自己测算，一门AUF-1的战斗效能相当于2～3门MK F-3或是M109A2 155mm自行火炮。

不过，作为技术先进性与国情、国力互相妥协的折中产物，AUF-1当然不是完美无缺的。其最大的败笔在于底盘，多少有些成也萧何败也萧何的味道。为了节约成本，降低技术风险直接采用本国主战坦克底盘的"拿来主义"本无可厚非，即使是后来被喻为一个难以超越经典的PzH2000底盘，同样是在"豹"1坦克的底盘上发展而来的。但不同之处在于，PzH2000改变了动力、传动和行动部分的布置方式，将动力传动装置由后置改为前置，同时还换装了更大功率的发动机和新

◀ 有西德在前线的拼死抵挡，法国面对华约始终处于二线地位，再加上法国的平坦地形便于机动，易攻难守（在历史上，只要攻入开阔的平原地带，法国多半要妥协）。所以不论是AMX30坦克还是61式105mm、MKF 3 155mm自行火炮都强调良好的战术机动性和火力机动性，能快速驰援堵住缺口，万一不行则在开阔地域进行周旋。强调快速+快射的AUF1 155mm，其设计思路同样如此

▲ 正在以人力进行弹药补充的**AUF-1**（自行火炮的布局首要应该保证其能够安装大威力的火炮，运载足够数量的弹药，以及能够在停车时利用半自动输送系统从地面补充弹药

的自动变速箱，并且强化了悬挂系统的减震器和扭杆的承载能力。

然而，反观AUF-1的"拿来主义"却可谓是原汁原味的。虽然AUF-1所用的AMX-30底盘也进行了一定程度的改进。比如，取消原炮塔前部的弹药架，增加了一台25kW/28V的直流发电机和一台冷气通风设备以及火炮专用无线电通信装置，并将车体首上装甲板的

装甲厚度削薄了8.5mm，车体重量也因此减轻2000kg等等。但就整体而言，对底盘的这类改进基本属于小打小闹，动力/传动装置后置基本布局的调整完全没有触及，对一辆自行火炮来说，这种布局方式严重限制了火炮战斗性能——尤其是自动装填系统和弹药携带量。

二战之后，美苏以及其他西方国家在自行火炮的发展上，之所以多大倾向于为之研制采用动力/传动装置后置的专用底盘，并非没有意识到直接采用现成坦克底盘，在成本和技术风险上将带来诸多好处，而是实实在在有着自行火炮性能上的特别考量。

坦克底盘总体布置的主要目标是，在规定的重量和外廓尺寸范围内，使坦克获得最高的战斗性能指标。要实现这一目标，根本的布置方式在于，在满足总体布置指标要求的情况下，尽可能减少装甲壳体包裹的车内容积。这样，节余出来的重量储备，就可以用于

▲ 西班牙装备的**M-109A2 155mm**自行火炮

提高坦克主要战斗性能的水平，尤其是提高坦克的防护能力。

　　基于上述原因，自二战时代起，绝大部分坦克底盘都采用动力/传动装置后置的布局方式。但这样一来，也就造成了坦克底盘的设计指导思想与自行火炮对于底盘的要求，在某些方面产生了矛盾。要知道，自行火炮作为机械化陆军主要的火力支援武器，一旦弹尽油枯，将成为废铁一堆。所以自行火炮的布局首要应该保证其能够安装大威力的火炮，运载足够数量的弹药，以及能够在停车时利用半自动输送系统从地面补充弹药。与自行火炮配套的弹药补给系统将成为保证自行火炮持续作战的关键。特别是对于AUF-1这种率先采用了全自动装弹机的自行火炮来说，由于射速较快，而车内备弹量又较少，所以一个高效的补弹系统将对于发挥其战力至关重要。

　　可惜的是，由于AUF-1以彻底的拿来主义作派，直接沿用了基本原封不动的AMX-30

▲ 就动力/传动系统的可维护性而言，理论上动力/传动装置后置的底盘要比前置方案占优，不过由于AUF-1的战斗全重超过了AMX-30A/B底盘的承载能力，其服役过程中暴露出的底盘机械可靠性问题较之AMX-30部队明显要多，口碑欠佳

底盘，炮塔位于车体中部，很难像M109这类采用动力/传动装置前置的专用底盘的型号那样，很方便地通过车尾进行人力补充弹药，或是以车尾对车尾的方式，与专门设计的弹药输送车对接，利用输送轨道将弹药以半自动方式直接送入自行火炮的车体内，这就使AUF-1自动化程度高、射速快的优势大打折扣（理论上AUF-1可以将炮塔转到一定角度进行外部人力或是机械化半自动弹药输送，但在实际使用中却受制颇多，与动力/传动装置前置的自行火炮不具有可比性）。

　　此外，将一个采用动力/传动装置后置的坦克底盘，直接用于自行火炮，会由于车尾的动力传动舱占去了很大一部分的车长，装备超重型炮塔的战斗室要往车首方向移动，不但空间较小，而且往往还会导致车辆纵向载荷分配不均。作为一种以间瞄射击为主的大口径火炮系统，为了保证射击安全，火炮炮尾端面与炮塔座圈之间的距离应该最大限度地大于允许的后坐长度，而且为了安全抛出弹壳，间距还要大于药筒长度。同时为了进行自动装填，在分装式弹药装填的情况下，间距也要大于弹头的长度。并且在保证火炮具有必要的俯仰角度的前提下，也要增大炮耳轴的伸出长度，来保证火炮有安全的后坐距离。这一切都决定了155mm自行火炮的炮塔必然在尺寸上大大超过坦克。

　　然而，在原封不动地保留了AMX-30布局的前提下，衍生出的自行火炮炮塔尺寸却大幅度超出尺寸，这使AUF-1看起来未免比例严重失调。同时长身管火炮大大超出了坦克底盘的外廓尺寸，因而有火炮身管插入地面的危险，降低了自行火炮的通过性能。这些都在很大程度上削弱或者说抵消了AUF-1火力部分的先进性。可以说，由于在底盘部分上不舍得投入，法国人搞出了AUF-1这样一种拼凑式的自行火炮，实际上相当于为一位衣着华丽的贵族小姐准备了一双村妇的蹩脚靴子，而单从机械美学的角度来讲，AUF-1给人的感觉也的确如此……

## 生产、装备和服役情况

在1973年6月的萨托里武器装备展览会上公开亮相之后，GIAT又建造了第二个原型炮塔，安装于一辆豹I坦克底盘，企图推销给一些已经购买了这种德制坦克的欧洲国家，不过这个尝试最终没有结果。于是在1974年初，GIAT又基于AMX-30底盘连续建造了6个预生产型炮塔，并经过近1年时间的紧张国家测试后，于1975年2月正式定型。需要指出的是，AUF-1的研制成功，实际上意味着法国独立自主国防政策的又一次胜利。

而作为一个极佳的对比，与AUF-1同时上马的SP70，其多灾多难的命运很能说明问题。按照计划，SP70研制成功后，将装备联邦德国、英国和意大利三国的陆军，用于实施直接火力支援和全般人力支援，英国陆军将用SP70取代现装备的美制M109 155mm自行榴弹

炮和M107 175mm自行加农炮，还将代替"阿伯特"105mm自行榴弹炮。联邦德国和意大利将取代M109G 155mm自行榴弹炮。然而，SP70的研制工作持续到80年代初，最终却因为三个研制国技术标准和使用需求不统一，科研组织结构上重复建设、互相推诿扯皮而归于失败。这种最典型的第二代155mm自行火炮流产导致整个7、80年代，西方各国都在通过升级改进M109的方式，勉力维持自己陆军炮兵部队主战装备的编制规模和技术水平，并最终成就了M109火炮家族的发展壮大。

而相对于虎头蛇尾的SP70，AUF-1只由法国一国研制，不存在几方推诿扯皮的问题，而且紧贴部队急需，立足国内成熟技术，战技指标确定合理，因此研制周期较短，这是其最终修成正果，得以顺利投产服役的一个重要因素（欧洲几次试图联合研发武器，包括坦克、火炮、战斗机、运输机、军舰等装备，但几乎都夭折了，除技术水平和资金外，原因在于欧洲各国的战略需求不同。最明显的就是起初的"欧洲联合战斗机"，法国强调自己的独立性，制空为主但强调能上舰，还能兼具较强的航程和对地攻击性能，而北约其他国家

▲ 正在开火中的AUF-1炮兵排，AUF-1是PzH2000出现前，世界上自动化程度最高、射速最快的155mm履带式自行火炮

▲ AUF-1只由法国一国研制，紧贴部队急需，立足国内成熟技术，战技指标确定合理，因此研制周期较短

则需要一种相对纯粹的制空型号，结果法国
与其他几国最终分道扬镳，后来按照自己的
需求独自搞出了"阵风"）。

按照法国国防部的要求，为法国陆军生
产的首批AUF-1 155mm自行榴弹炮于1979年6
月开始投产，并于同年进入部队服役。但有意
思的是，AUF-1的生产线其实早在1977年就开
始启动了，不过这批自行火炮的交付对象却
不是法国陆军，而是沙特阿拉伯。

这其中的原因其实很简单，在1972年9
月，也就是AUF-1的首辆原型车正式亮相的
前几个月，法国政府与沙特签订了一笔出口
190辆AMX-30S主战坦克的合同（AMX-30S
即法国为中东国家量身定制的沙漠型，这种
坦克装有防沙罩，发动机功率限制在456kW
（620马力），最大车速为60km/h。此外还装
有CILAS/SOPELEM公司的M409瞄准镜，昼间
放大倍率为8×，视场8°；红外夜间瞄准镜放
大倍率4.5×，视场10°；激光测距仪测距范
围为400～10000m）。

而当AUF-1出现后，这种基于同样底盘
的155mm自行榴弹炮自然吸引了沙特这个大金
主的目光，再加上1973年10月的战争中，阿拉
伯世界又一次在战场上为以色列所击败，沙

▲ 沙特阿拉伯皇家陆军装备的AUF-1 155mm自行火炮，然
而，在财大气粗且见多识广的沙特军方眼中，AMX-30很快
就变成了过时的货色，大部分在仅仅服役几年后就被转入
仓库封存，作为配套车辆的AUF-1也因此被打入冷宫

特急于增强自己的军事实力实施对以威慑，
这使AUF-1对沙特的出口变得顺理成章起来。
于是，1978年首批生产出的51辆AUF-1被优先
交付给了沙特皇家陆军，并受此影响，法国陆
军推迟到1980年才接收了自己的第一辆AUF-1
（然而，在财大气粗且见多识广的沙特军方
眼中，AMX-30很快就变成了过时的货色，大
部分在仅仅服役几年后就被转入仓库封存，
作为配套车辆的AUF-1也因此被打入冷宫，其
中18辆在海湾战争结束后，被转送科威特）。

值得一提的是，法国陆军不但不是
AUF-1的第一个用户，甚至连第二个也谈不
上。1980年9月22日，伊拉克趁伊朗在霍梅尼
上台后政局动荡，经济恶化，军心不稳，伊
（伊朗）美断交的时机，试图使伊拉克获得地
区霸权地位，借口解决双方边界长期存有争
议的阿拉伯河归属问题，对伊朗发动了旨在
收复失地、打击霍梅尼输出革命、争夺海湾
霸权的战争。

为了遏制伊朗伊斯兰革命输出，沙特阿
拉伯在经济、政治乃至军事上对伊拉克进行

▲ 正在进行齐射的AUF-1炮兵连

了大力支援，AUF-1的购买和转让就是一个很能说明问题的例子。在自己从法国以巨资购进了51辆AUF-1后（包括备件、10个基数的弹药在内，合同总金额高达9000万美元），沙特人随后又出资为伊拉克订购了86辆，并且考虑到伊拉克对伊朗军事行动的可能会急需这些武器，首批火炮直接从沙特自己的订货中拨付。而出于自身的政治和经济考虑，法国在1970年代到整个1980年代都与萨达姆时代的伊拉克，保持着防务上的紧密合作，因此默许了这个武器转让计划。于是在索格德和阿巴丹的包围战中，这种拥有当时一流射程和射速的现代化自行火炮，发挥了一定的作用（沙特向伊拉克转让这批火炮的具体时间，今天仍然无从知晓）。

尽管数量较少，难以对阿巴丹的包围战产生什么决定性影响，但伊拉克人很快就发现，这些由沙特所赠价格不菲的法国自行火炮，要比手中的大多数苏制自行火炮都要"好使"，特别是在面对伊朗军队装备的M109及M109A1，AUF-1是唯一一种完全可以在对方射程之外进行有效压制性打击的炮兵武器，因此很快成为伊拉克机械化炮兵的王牌。不过，到了1981年9月26日凌晨，早已集结在阿巴丹对岸的巴哈姆沙尔河的五个步兵团和大量的装甲部队以及炮兵部队强渡巴哈姆沙尔河，对围困阿巴丹的伊拉克部队发动了突然袭击。

突如其来的打击使得伊拉克军队措手不及，经过三天的激烈对攻，伊朗取得了开战以来的第一次"重大胜利"，将伊拉克军队赶过了卡仑河，退入霍拉姆沙赫尔。而在伊拉克军队溃败的过程中，丢弃损失了大量技术装备，其中包括11辆AUF-1，此后剩下的AUF-1被伊拉克军队作为战略预备队的宝贝雪藏了起来，很少有任何参加作战行动的消息传出（1981年9月28日，伊拉克军队的第10装甲师、第11特种旅、第96步兵旅、第60装甲旅，全军覆没。2000多名士兵遗尸战场，13000人被俘）。

至于法国陆军装备的AUF-1，从1980年

▲ *1996年2月 第40机械化炮兵团装备的AUF-1 155mm自行榴弹炮与AMX-10 VOA轮式炮兵前沿侦察车*

▲ 演习中的AUF-1 155mm自行榴弹炮与AMX-10 VOA轮式炮兵前沿侦察车（按照法国陆军编制，每一个AUF-1炮兵团的建制内，都包括1个防空连、1个团部连、1个技术保障连以及3个炮兵连。每个炮兵连由2个各拥有4门火炮的炮兵群以及一个拥有2辆AMX-10 VOA炮兵前沿侦察车的侦察排构成）

11月7日开始陆续装备12个装甲师属炮兵团（既包括7个现役装甲师也包括5个预备役装甲师以及2个架子师），并且在从美国进口的M270 227mm多管火箭炮列装之前（美国M270 227mm火箭炮于1970年代开始研制，1983年装备美军，由沃特公司生产。同年5月，根据和美国达成的协议，法国、德国、英国和意大利共同生产该型火箭炮，成为北约的制式武器，称为MLRS），还装备了4个军属炮兵团，作为战役级火力支援力量使用（无论是装甲师属炮兵团还是军属炮军团，每个炮兵团的编制均为4个炮兵连，每连6门炮）。

截止到1988年底，包括1门发展型样炮和10门生产型样炮在内，GIAT共为法国陆军生产了174门AUF-1 155mm自行火炮（按1989财年估价，每门火炮价格为129万美元）。此后从1989年到1996年，由于冷战的结束，法国军事战略进行了相应调整，本来就不高的AUF-1生产速率进一步放缓，以每年12-15门

的速度继续生产了99门，这使法国陆军AUF-1的保有量总数达到了273辆（1989年后生产的AUF-1属第二批次，换装了由陀螺平台，计算与监视装置和显示与控制装置组成的西塔20（CITA20）自动惯性导航系统。并且配装了第一批次AUF-1所缺乏的，用于直瞄射击装甲目标的直瞄镜）。

按计划，到2000年这一数字将进一步增长到319辆。不过，为了适应后冷战时代法国军事战略调整的步伐，法国陆军到1990年代末，只保留了5个AUF-1炮兵团，即第1机械化旅的第40炮兵团；第2机械化旅的第1炮兵团；第3机械化旅的第68炮兵团；第6机械化旅的第3炮兵团；第7机械化旅的第8炮兵团。

每一个AUF-1炮兵团的建制内，都包括1个防空连、1个团部连、1个技术保障连以及3个炮兵连。每个炮兵连由2个各拥有4门火炮的炮兵群以及一个拥有2辆AMX-10 VOA炮兵前沿侦察车的侦察排构成。按照编制，5个炮

兵团共装备了120辆AUF-1，其余的AUF-1则都作为战略物资进行了封存。虽然作为研制国，法国陆军是AUF-1的最大用户，但直到1996年法国人的AUF-1才随着进驻波斯尼亚的第40炮兵团参加了实战，而此时沙特和伊拉克的AUF-1早已经历了多年的战争考验。

## AUF-1的后续改进

由一种自行火炮衍生出牵引型号，这种情况在世界火炮发展史上是不多见的，不过我们在AUF-1的发展中却看到了这样的不寻常一幕：AUF-1的炮身被从炮塔中拆了下来，摇身变成了TRF-1 155mm牵引式榴弹炮。

相对于法国有限的国防预算，AUF-1的造价仍显得较为高昂，所在早在1975年法国陆军就决定利用AUF-1的技术成果，发展一种

现代化但又造价便宜的155mm牵引榴弹炮，以取代1950年装备的M50 155mm牵引榴弹炮，并作为AUF-1数量不足的一种弥补。1976年法国陆军参谋部提出设计要求，要求新的榴弹炮操作简便，结构牢固，价格低廉以及弹药装填和火炮进出阵地实现机械化。1977年进行方案论证，正式开始研制。1978年制造出样炮，1979年初进行首次样炮射击试验，同年6月在萨托里武器装备展览会上公开展出。1980年初制造出2门生产样炮，1981年11月至1982年6月进行野外试验。

具体来说，TRF1炮身与 AUF1式155mm自行榴弹炮炮身几乎完全一样（身管长6200mm），因此具有与AUF1 155mm自行榴弹炮相同的弹道性能。炮闩配有金属紧塞环和底火自动装填机构，底火为电底火。采用环形

▲ *TRF-1 155mm牵引式自行榴弹炮实际上是AUF-1 155mm履带式自行榴弹炮的衍生型号，这种情况在世界自行火炮发展史上并不常见*

摇架、液体气压式反后坐装置和气压式平衡机，但无防盾。反后坐装置各筒环绕身管布置。液压式输弹机位于摇架右侧。装填手将弹丸放到输弹槽内，然后由输弹机将弹丸自动送入膛内，最后人工装填药筒。这种装填装置可在任何射角下进行工作，它不仅能减轻装填手劳动强度，还能保证药筒底部受力均匀和初速稳定。瞄准装置瞄准装置包括一个周视瞄准镜、一个直接瞄准镜和一个GA81式测角仪。测角仪可直接读出高低角和方位角数字。周视瞄准镜位于身管左侧，直接瞄准镜位于身管右上方，最大直瞄距离为2000m。

炮架由上架、下架、大架和液压式高低、方向瞄准机构组成，可进行概略及精确瞄准。高低、方向瞄准机构通过滚珠轴承可使上架回转180°，以便在行军时将炮身叠放在大架上。开脚式大架和座盘固定在下架上，炮车轮装在大架支臂上，战斗状态时，通过液压系统使两个炮车轮离地，火炮支承在座盘上。大架尾端装有可折叠的架尾轮，在开架和并架时便于大架左右移动。每个架尾轮配有一个千斤顶，在火炮撤出阵地时，可迅速而方便地拔出驻锄。应急情况下，不打开大架，火炮也可进行射击。火炮回转部分重5000kg。起落部分重4350kg，后坐部分重3200kg。火炮由雷诺TRM10000（6×6）式卡车牵引，车上可搭载炮班全体人员和50发炮弹。

不过作为AUF-1一种简化牵引型号，TRF1带有辅助推进装置，表现出一种当时看来十分个别的特色。这个辅助推进装置安装在下架前面的箱体内，它包括一台配用液压传动装置的28.7kW风冷汽油机。汽油机驱动3个独立的液压泵，其中两个泵分别为两个炮车轮提供动力，使火炮在进入或撤出阵地时能自行推进数十米。第三个泵为高低、方向瞄

准，大架展开与并拢，悬挂装置，架尾轮千斤顶和装填装置提供动力。火炮采用自行推进时，爬坡度为60%，而且在无准备的情况下可涉水深1m，当有准备时可涉水深1.2m。由于采用辅助推进装置，该炮规定8人操作，实际只需6人。必要时，3人也可完成火炮进入或撤出阵地的任务。火炮还配有液压贮能器，当辅助推进装置发生故障时，贮备的能量可供发射6发炮弹使用。此外，火炮尚装有手动高低、方向瞄准系统。

到了1982年，为了出口，法国还对该炮进行改进，主要是改进了药室形状，并把最大射角由66°增加到70°，并为该炮配发了计划用于AUF-1的"智能"反装甲弹药。TRF-1于1983年开始生产，1984年开始装备法国步兵师属炮兵团，至1988年共向法国陆军交付了79门。到1989年底，包括样炮在内共生产了147门，而在1990～1998年期间生产总数则达到了445门（按1989财政年度估价，每门火炮价格为59.1万美元，差不多只相当于AUF-1的1/3），并成功地实现了对利比亚、突尼斯和瑞士等国的出口（不过出口利比亚的TRF-1在2011年的战争中，又都被法国人自己炸掉了）。

▲ 美军装备的M109A6 155mm自行火炮（尽管是个旧瓶装新酒的产物，但采用52倍身管，符合1987年第二次《北约弹道协议备忘录》的M109A6在火力性能上大幅赶超过了AUF-1）

TRF-1的出现似乎令人对AUF-1的后继改进方向充满了怀疑，不过对于AUF-1本身的改进其实从很早也在开始酝酿了，但真正有所行动却是1992年海湾战争结束以后的事情，而且最初的目标也仅仅是面向特定国家的出口。1995年，GIAT将一个AUF-1炮塔安装到T-72M1坦克底盘上，作为印度陆军新一代自行火炮选型方案，向印度政府和国防部官员进行了公开展示（由于从一开始，AUF-1炮塔就被设计成能够很方便的与各种坦克底盘相匹配，因此其与苏制T-72坦克底盘的结合拥有相当程度的便利）。

▲ 1991年海湾战争中，法国第6轻装师装备的AMX-30B2主战坦克

这辆在冷战时代，几乎完全不可想象的"东西方混合式"155mm自行火炮样车，在印度进行了长达14个月的测试，印度人也不止一次暗示，如果以他们国产的T-72或"阿琼"主战坦克为底盘，印度版AUF-1获得订单的可能性是相当大的。然而到了1998年，反复无常的印度人突然宣布对新一代自行火炮的选型要重新进行招标，法国人的AUF-1却没有收到任何相关的邀请，AUF-1向印度出口的憧憬就这样破灭了。

事实上，AUF-1在印度所遭遇的这场不明不白的挫折，其根本原因在于其性能已经始逐渐落后于时代了。当时间进入1990年代，随着北约第二次弹道体系备忘录签署后几年时间的发酵，仅仅拥有40倍身管、兼容第一次北约弹道体系备忘录标准的AUF-1，在新兴的"52倍径"浪潮冲击下，一下子变成了过时的二流货色。再加上由于超重，其采用的AMX-30A/B底盘机械可靠性不佳（主要是传动系统负担过重），这一切都促成了法国陆军要对手中AUF-1进行大幅度升级的决心：AUF-2由此出现（首辆样车于1997年年底装配完毕）。

较短的身管就意味着较小炮膛工作容积，从而导致火炮发射药相对燃烧结束位置过分接近炮口，必然会引起部分发射药颗粒不能在膛内充分燃烧而是随弹丸和火药燃气一起冲出炮口。在这种情况下，不仅发射药能量不能得到充分利用，由于每次炮击时未燃完的发射药量不可能完全一致，还会造成弹丸初速的较大分散。发射药燃烧时不能在膛内充分膨胀做功还会产生强烈的炮口焰和较高的炮口压力，对瞄准镜等火炮上结构强度不高的设备和炮手造成严重损害，还为火炮后坐部分结构和炮口制退器的设计带来很大困难。

经过长时间酝酿，由英国提出的一个方案逐渐后来居上，其身管长度（52倍口径）与药室容积（23升）之比，与原来"四国弹道协议"原则十分接近，采用现有弹丸和装药以低膛压发射，仍然保持原来的初速。因此，四国于1987年9月接受英国的52倍口径身管、23升药室容积和945米/秒初速，作为未来火炮的基本参数，形成重新修订的新"四国弹道协议"——"北约共同弹道谅解备忘录"（JMBOU）。执行这一新"协议"，就能确保北约国家未来的155毫米火炮系统具有相同弹道，发射普通弹时射程30公里，发射增程弹时射程为40公里。

与AUF-1相比，AUF-2最重要的变化在于，以一个符合北约第二次弹道体系备忘录标准的52倍身管，取代了原先的40倍径身管（这个身管的火药平均燃烧结束位置过于接近炮口带来的一系列连锁反应明显增大了弹丸的起始扰动，AUF-1在发射远程全膛弹弹丸时的落点散布精度始终不够理想）。

此外，AUF-2火炮最大仰角提高到了70度，从而使在发射底排弹时的最大射程一举提高到42km；AUF-2还改进了自动装弹系统，使最大射速由原先的8发/分钟提高到10发/分钟，并且提高了机械可靠性；换装了汤姆逊ATLAS火控系统，系统反应时间缩短了50%，而射击精度则提高了110%。同时，针对所使用的AMX-30A/B底盘被认为过于老旧的指责，AUF-2还以AMX-30B2底盘进行了替换（虽然此时更新型的勒克莱主战场克已经

定型投产，但出于成本考虑，AUF-2并没有选用这种性能不俗但却价格昂贵的底盘）。不过需要着重指出的是，较之标准型AMX-30B2，用于AUF-2的AMX-30B2底盘并不完全相同。

首先，AMX-30B2底盘与AMX-30A/B底盘相比，最大的变化在于以新型的ENC-200液力机械双流综合传动装置代替了原先的5SD-200D。用于AUF-2的AMX-30B2底盘同样继承了这一点。具体来说，ENC-200是一种代表了1990年代初期先进水平的液力机械双流综合传动装置，主要部件包括前传动装置、液力变矩器，正倒车机构、变速机构、汇流差速机构和操纵装置。

前传动装置实际上是一级传动比为1的齿轮对。液力变矩器它位于前传动装置之后，在1个专用壳体内，有泵轮、涡轮和导轮3个工作轮，尺寸为406mm，变矩器最大变矩系数为

▲ AUF-2的升级标准中，包括换装AMX-30B2底盘，不过在细节上AUF-2底盘与AMX-30B2又并不完全相同

2.23，变矩工况最高效率为0.9（i=0.75），偶合器工况点为i=0.89，偶合器工况最大转速比为0.95。发动机转速范围为1900～2400r/min。变矩器的闭锁点选在速比i=0.742处，此时涡轮转速为1988r/min。变矩器的闭锁是由电路控制闭锁电控阀进行的，逻辑电路保证在正常工作情况下，一、二、三档时不闭锁，为液力传动工况；四档和五档时闭锁，为机械传动工况。在三档利用发动机制动车辆时变矩器闭锁。换档时变矩器自动解锁；换档过程完成后可自动闭锁。变矩器工作油液需循环冷却，流量为200L/min，当出口油温超过135℃时发出报警信号。

正倒车机构包括3个锥齿轮和正、倒档离合器。3个锥齿轮均有42个齿，功率从一端输入，两端输出，由正倒档离合器控制功率输出方向。正倒档离合器的结构与二、三档的换档离合器相同。变速机构系固定轴阶梯齿轮装置，采用电液式操纵的片式离合器或同步器机构进行换档，其中一档为同步器式，二、三档换档为双离合器式，四档和五档为单离合器式。该变速机构有5个前进档和5个倒档。

转向装置系液压式，由变排量液压泵和定排量液压马达传递部分的或全部的转向功率。转向时各档均有1个最小规定转向半径（当液压泵排量最大时），可实现从每档最小规定转向半径至无穷大转向半径（即直线行驶）的无级变化。通过三、四档离合器同时充油，刹住主轴，达到转向轼率仅由转向装置传递，此时输出轴转速仅受转向装置转速控制，其两侧转速相同，方向相反，车辆进行原位转向。

变排量泵仅单向旋转，最大排量为186cm3/r，最高转速为2500r/min，斜盘角度为±17°，最大压力为47000kpa。定排量马达可双向旋转，排量为137cm3/r，工作压力为43500kPa，输出功率为400kW。汇流差速机构系双联外啮合式单差速机构，两侧各1个。直线行驶时该差速机构相当于1组定轴齿轮传动装置；转向时为行星差速机构，减速比较小，行星轮轴承负荷较小。

操纵装置变速和转向均采用电液式操纵装置。前进、倒退、一档采用同步器换档，二～四档采用离合器，由电液系统控制操纵。二～四档换档不需要切断动力。挂一档较困难，需要5S时间，换其他档仅需要1S。正倒档换向离合器，二、三档换档离合器为双离合器式，四档和五档采用单离合器。

双离合器的工作原理及换档过程是：离合器采用双缸结构，油缸中隔板与轴固定在一起，两活塞连成一体，呈油缸外壳状。每个油缸分内外两油室，内外油室以节流孔连通，中间隔板上有数个通孔，隔板两侧有弹性膜片控制孔的堵与通。两个膜片被多个小轴联在一起，膜片和隔板之间装有分离弹簧，而且膜片间的距离比隔板最度稍大。当两离合器分离时两油缸相通，油压降至润滑压力。当右油缸与主油路接通时，由于节流孔作用使内油室快速充油，活塞迅速右移，达到右离合器快速消除间隙。与此同时，膜片向左移，左油缸膜片将通孔堵住。由于两缸外油室节流

▲ 行驶在香舍丽谢大街上，参加2008年法国国庆阅兵的 **AUF-2 155mm**自行火炮

孔作用，使排油、充油速度放慢，加之活塞右移，造成压差，压差会冲开膜片，使右油缸外油室充油，直至两缸压力平衡时膜片又重新贴住隔板，堵住通孔，通过补油缩短右油缸充油时间，右离合器间隙消除后，右油缸外油室开始升压。选择合适的节流孔，使升压过程缓慢，以满足离合器摩滑要求，传换档过程平稳。反之，左缸充油，左侧离合器结合。

单离合器工作原理与双离合器相同，一档采用同步器换档，由电液操纵系统促动。电液式操纵系统配有各种保险装置和报警装置，可保证不挂双档、不跳档；起动发动机时转向机构归零位，实现安全起步；升档或降档必须满足一定的换档条件，只有一档同步器齿套脱开后才能挂其他档；仪表盘上有油压、油温及过滤器堵塞等报警灯。

不过，考虑到升级后的AUF-2在结构重量上超重1.1吨，对机动性有一定的负面影响。所以，用于AUF-2的AMX-30B2底盘并未沿用坦克型号的HS110.2柴油机，而是换装了功率更大，与ENC-200传动系统匹配性更好，更能发挥其效率的雷诺E9 8缸柴油引擎。该柴油机是法国雷诺车辆工业公司和美国麦克公司联合研制的新型军用动力装置，由雷诺车辆工业公司生产，1987年对外公开。引擎缸体和缸盖为铸铁材料，每缸4气门，喷油泵带全程调速器。该机采用了带机油回收系统的干式油底壳，因而当车辆爬60%纵向坡度或40%侧倾坡度时仍能正常工作。

辅助系统中包括1个10千瓦的发电机和100千瓦的液压风扇马达，所需动力来自功率分出装置。每排气缸采用2个废气涡轮增压器来实现二级高增压，进气系统带水空中冷器。该机结构紧凑，具有较高的比重量和单位体积功率，能够在极低的环境温度下顺利起动。E9柴油机的功率覆盖范围为368～736千瓦（500～1000马力），其中515千瓦（700马力）柴油机用作雷诺TRM700-100（6×6）牵引车动力，552、662和736千瓦（750、900和1000马力）的柴油机可用作装甲车辆的主机。AUF-2为其AMX-30B2底盘选用的是其中的662千瓦（900马力）型号。

经过如此升级，虽然在基本结构上AUF-2与AUF-1差别不大，但前者的作战效能却较之后者提升了60%，在综合性能上与PzH2000相比仍显逊色，可与M109A6则完全在伯仲之间，并且依然保持着高性价比的突出优势。按照最初的计划，法国陆军要求GIAT在2002年之前为其升级174门AUF1自行榴弹炮。其中，104门将按照部分升级的标准，安装所谓的AUF1TA升级包，包括ATLAS火控系统、E9发动机、ENC 200自动变速箱。剩下的70门则换装52倍径身管火炮，完全升级到AUF-2标准。

然而，这个计划最终并没有完全变为现实。事实上，随着冷战的终结，即便包括先进的PzH2000在内，这些伟岸的"战争之神"其实已经陷入了一个极为尴尬的境地——这些高大、笨重的履带式自行火炮都是在冷战思

▲ 随着冷战的终结，即便包括先进的*PzH2000*在内，这些伟岸的"战争之神"其实已经陷入了一个极为尴尬的境地

▲ 与AUF-2相比，"凯撒"才是法兰西面对"52倍革命"的真正回应（不过，我们仍能在"凯撒"依稀看到TRF-1的影子）

想指引下，为在欧洲中心地带作战设计的，但形势的发展很快超出了人们的预料，大量的地区冲突、低烈度局部战争成为未来很长一段时间内战争的主要形式，结果无论是AUF-1/2还是PzH2000都已经无法很好地适应这一环境变化，波斯尼亚、阿富汗和伊拉克的军事行动也证明了这一点。

再加上世纪之交是一个155mm自行火炮技术在全球范围迅速扩散、百花齐放的时代，一贯特立独行的法国开创了车载炮这一155mm自行火炮新兴技术领域，"凯撒"155mm自行榴弹炮以其技术风险、成本和性能的完美平衡在引来一大批后来者竞相模仿的同时，也威胁到了AUF-1/2在法国陆军中的生存地位。

"凯撒"的设计思想是为快速反应部队提供一种射程远、精度高，符合第二次《北约弹道谅解备忘录》标准，同时进入和撤出战斗

快、战略和战术机动性强、便于隐藏的155mm轮式轻型高机动性车载炮系统。在设计和研制过程中，重量轻始终是"凯撒"力求实现的一项重要技术指标，同时又要采用新型火控系统和定位定向系统，使"凯撒"成为具备信息化作战能力的现代化炮兵武器，而不是旧式简易自行火炮的翻版。

更重要的是，高度的机动能力使"凯撒"系统具有很强的战略、战役和战术机动性。其战略机动性主要表现在能够用美国的C-130"大力神"中型运输机和法德联合研制的C-160"运输联盟"中型运输机进行整系统空运。而战役机动性主要表现在需要进行较远距离的战场机动时，能够使用直升机进行吊运，这一优点在崎岖的山地作战时表现得尤为突出。

遗憾的是，虽然在防护性、射程和精度

乃至战术机动性上AUF-2与"凯撒"相比仍有优势，但其在战略机动性和战役机动性上的短板，都决定了AUF-1/2之类的重型履带式155mm自行火炮为轻便灵活的"凯撒"所取代已是大势所趋。于是，法国国防部最终并没有对计划的全部AUF-1进行升级，而是使用72套"凯撒"系统作为履带式AUF-2 155mm自行榴弹炮改进的低成本替换项目。

## 结语

作为一种根据自身国情量身定制的产物，AUF-1在保持了一定技术先进性的同时，很好的兼顾了对于性价比的特殊要求，满足了当时法国自身的国防需求，并通过出口扩大了法国的国际影响力。以1970-1980年代的标准，不失为一种自动化程度高，通用性高，便于保障，特色鲜明、价廉物美的大口径履带式自行火炮典范，为其他国家研制类似装备提供了思路。

意大利就曾紧随法国人的脚步，于1977年开始研制基于OF-40坦克底盘的"帕尔玛丽亚"155mm 39倍径自行火炮（1981年完成炮塔系统的研制工作，1982年投入生产）。然而，就像恐龙最终为时代所淘汰一样，随着冷战的终结，战场环境的变化，当"凯撒"这类更快、更轻、更廉价、使用成本更低，且技术含量更高的轮式高机动性车载炮兴起后，AUF-1/2逐渐淡出历史舞台也就是一种必然了。